原発は終わった

筒井哲郎

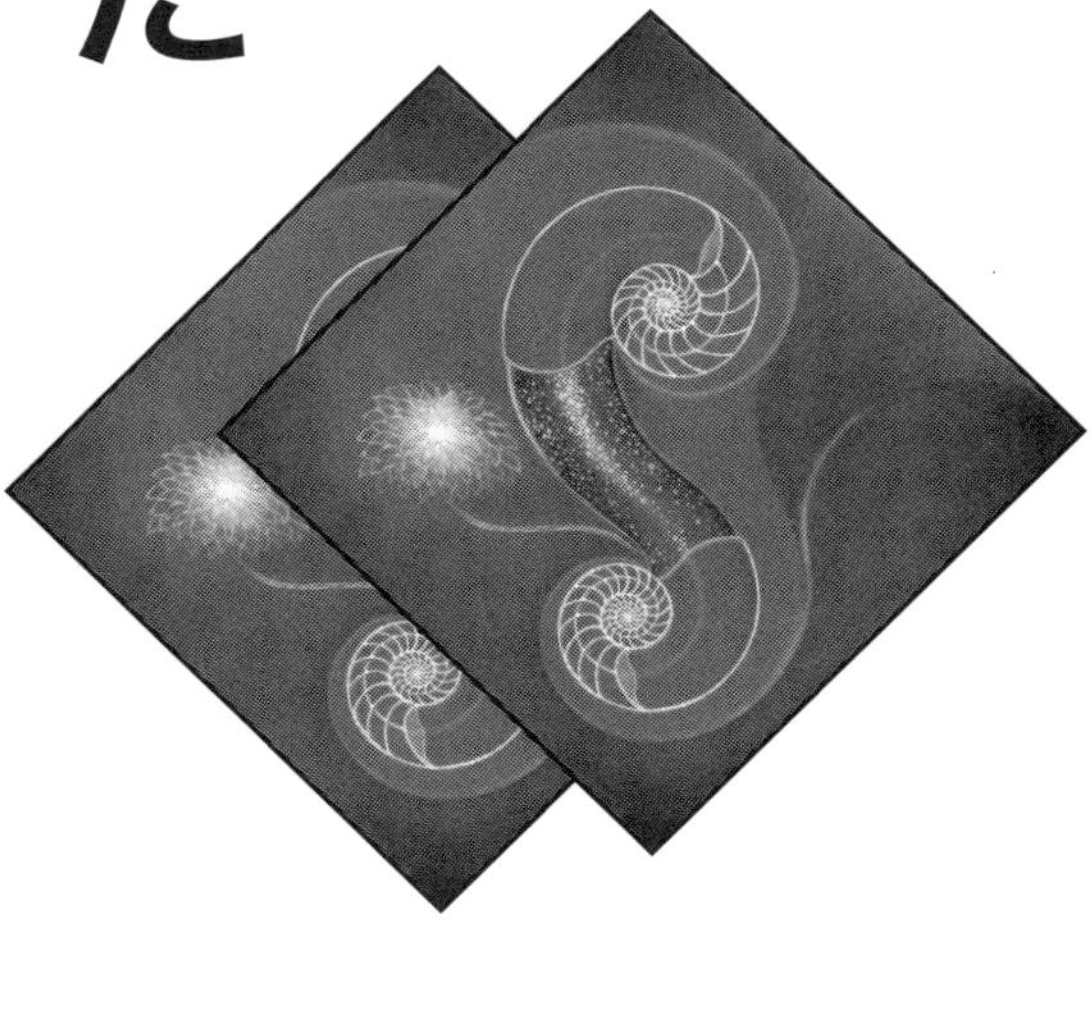

緑風出版

目次

第5章　迷惑産業と地域社会　145

第6章　定見のない原子力規制　183

まえがき

二〇一七年三月二八日、東芝はウェスチングハウス（WH）の連邦破産法十一条の申請を行い、全社的に原発事業からの撤退を決定した。この年は東芝が解体した年として記憶されるであろう。このことは、発電産業の世代交代が急速に進展しつつあり、原発が世界的に市場から敗退しつつあることを象徴的に示している。その意味で、この出来事は二〇一一年の福島原発事故の一つの帰結として受け容れなければならない。

筆者は五〇年近く石油プラントや化学プラントを設計・建設するエンジニアリング業界で働いてきた。福島原発事故以降、同業の仲間たちと産業としての原発を技術的・社会的側面から考えてきた。福島原発事故の結果を見れば、原発のリスクはあまりに甚大である。市民生活を支える電力を供給する手段として代替手段がないわけではなく、過大なリスクを冒して国土の半ばを不住の地にしかねない手段に固執する理由はない。

しかし、議論は大きく二つに分かれている。政府や学界の主流は、原発が必要不可欠だと言う。他方、諸種の世論調査の結果は、脱原発を支持する意見がつねに六〇％を超えている。たかだか産業の一分野における技術上・経済上の比較論ですむ問題に、これほど極端な意見の相違が現れること自体、社会的な亀裂をはらんでいる。

日本のサラリーマンのおよそ三分の一は製造業に勤めている。そして、戦後さまざまな技術革新を経験してきた。この本が、そういう一般常識人との間に認識を共有できるきっかけになればと願っている。

第1章　発電産業の世代交代

東芝の原発事業子会社、ＷＨの巨額損失を起因として、同社は有力な事業部門を売却しつつ「解体」の過程にある。この状況は東芝一社に限ったものではない。世界の同業他社（三菱重工、日立、フランスのアレバ）の原子力事業も同様に苦境や停滞の中にあり、日本、アメリカ、ヨーロッパの原子力産業は軒並み縮小あるいは再編を迫られている。原発に係る事業（投資、建設等）の先行きは不透明で、もはや継続的かつ安定した利益は期待できない。一方で、事業リスクは大きく、資金調達にも困難が伴う。二〇〇〇年代に原発ルネッサンスが叫ばれて、新しい原発建設の動きが各国に見られたが、福島原発事故を受けてその動きが一挙にしぼみ、他方ヨーロッパを中心に徐々に発展を続けてきた再生可能エネルギーが急速に普及の勢いを増した。いま世界の発電産業はまさに世代交代の渦中にある。しかし、日本の動きは鈍く、世界の潮流に後れを取っている。

1　原子力ルネッサンスから東芝解体へ

二〇一五年四月、証券取引等監視委員会に届いた二通の内部告発をきっかけに、東芝の粉飾決算が発覚した。その元凶は二〇〇六年に買収したＷＨが、アメリカ国内で行っている原発建設工事において、巨額の赤字を出していることを隠すためであった。しかし、その工事に関連する損失額が数千億円規模にのぼることを発表したのは、二〇一六年一二月末から二〇一七年二月にかけてのことであった。東芝は、医療機器部門や家電事業部門を売却したが、それでも二〇一七年三月期の決算で自己資本がマイナスの債務超過になる見通しが明らかになったので、八月一〇日に東京証券取引所の第二部へ降格となった。(注1)二〇一八年三月期の決算で自己資本がマイナスであれば、上場廃止になるので、現在もっとも高収益の半導体部門を売却するために交渉中であり、その成り行きが、注目を集めている（二〇一七年一〇月現在）。

二〇〇〇年代初めにアメリカのブッシュ（子）政権が「原発ルネッサンス」政策を打ち出した。アメリカでは一九七九年のスリーマイル島原発事故以来、新規の原発建設は行われていなかった。しかし、当時は原油・天然ガスの価格高騰や地球温暖化問題を背景に原発が再び注目され、二〇〇五年にエネルギー政策を転換し、長年凍結してきた新規原発の建設許可を解除した。

日本国内の電力消費量は、二〇〇〇年代に入ってからは増加傾向が鈍り、二〇〇七年にピークを打って以後減少傾向に転じた。(注2)したがって、国内の原発エンジニアリング会社が事業を続けるには、海外市場を目指す以外には選択肢はなかった。当時東芝社内では、原子力事業からの撤退も議論されていた。しかし、ちょうどそのとき、二〇〇五年七月にイギリス核燃料公社（ＢＮＦＬ）が子会社として持っていたＷＨの売却を発表した。東芝が従来依拠してきた原発技術はジェネラルエレクトリック（ＧＥ）の沸騰水型原子炉（ＢＷＲ）であったが、ＷＨの加圧水型原子炉（ＰＷＲ）の方が市場普及度が高く、世界へ打って出るにはこの買収の機会は千載一遇のチャンスと映った。東芝経営陣は買収を決意し、相場の倍以上の五四億ドル（約六四〇〇億円）で買収した。(注3)

注1　「東芝、東証二部に降格」『朝日新聞』二〇一七年八月一日

注2　「発受電電力量の推移（一般電力事業用）」『エネルギー白書２０１６』第２１４－１－８　http://www.enecho.meti.go.jp/about/whitepaper/2016html/2-1-4.html

図 1-1　天然ガス価格の推移

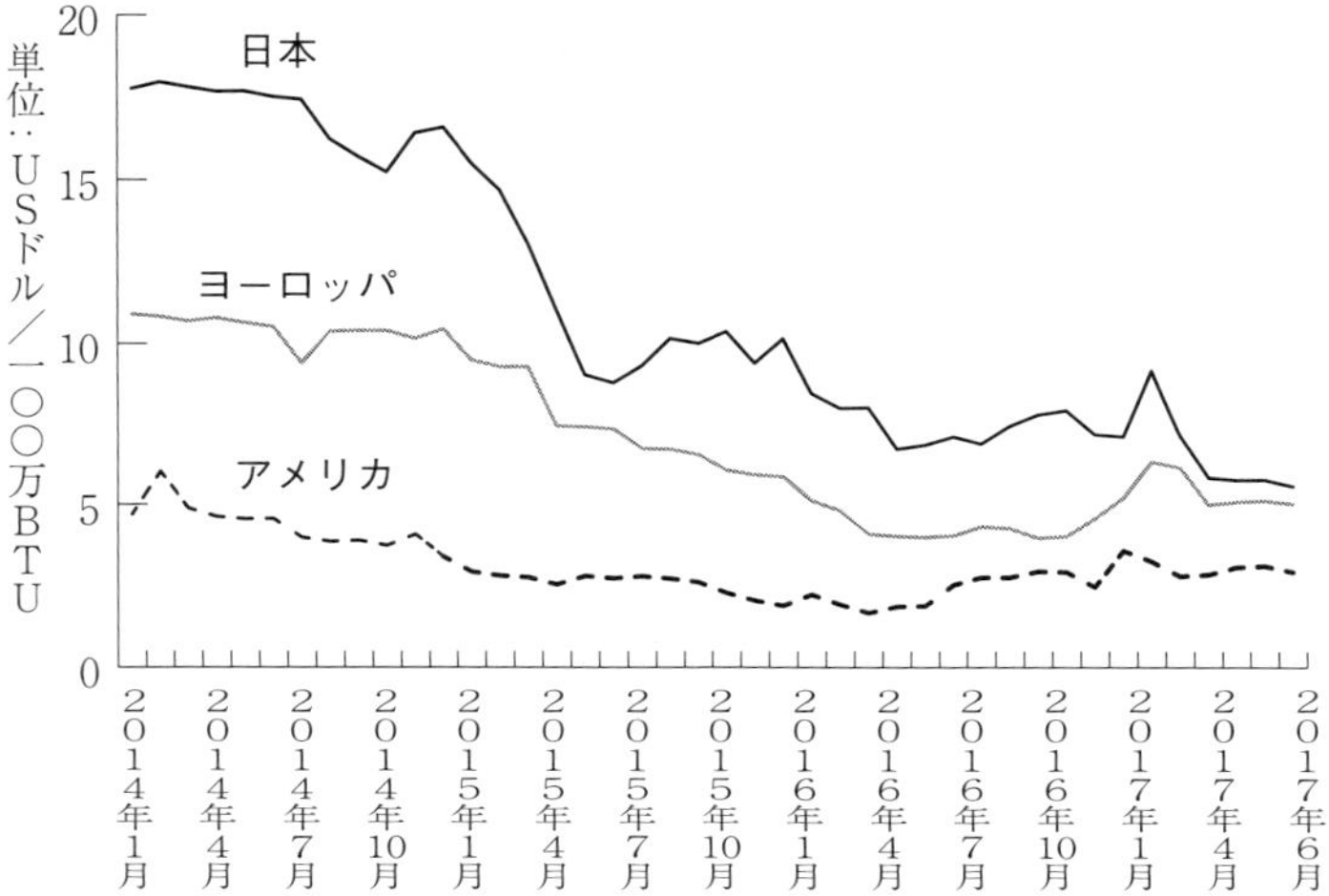

出典：世界経済のネタ帳　http://ecodb.net/pcp/imf_group_ngas.html

　アメリカの「原発ルネッサンス」に呼応して、日本政府（経産省）も二〇〇六年に「原子力立国計画」を策定し、二〇〇七年には日米原子力エネルギー共同行動計画を締結した。しかし、アメリカ政府の包括エネルギー政策は天然ガスなどへの規制緩和やシェールガス開発の補助金給付も含む包括的なもので、原子力一辺倒ではなかった。アメリカの実利的な政策はシェールガスの爆発的な普及につながり、原発のコスト競争力を低下させていった(注4)。福島原発事故後、シェールガス革命と電力価格下落の影響も加わり、二〇一三年から二年間に五基が廃炉になった。一六年六月にはイリノイ州にある赤字の原発三基が一八年までに廃炉にされると発表され、一七年一月にもニューヨーク州の原発一基が二一年までに閉鎖されることが決まった。その他、一七年に一基、一九年に二基の廃炉が決まっている。アメリカには現在も約一〇〇基の原発が稼働しているが、採算が合わず電力会社が持てあます事態に陥っている。そして約三〇基あった新設計画が次々と凍結されつつある。(注5)

東芝の原子力事業における損失はWHに関連するものだけではない。アメリカの原子力発電事業、サウステキサスプロジェクト（STP）に出資を行い、二〇〇八年三月には一三四万kWのABWR（改良型沸騰水型原子炉）二基の建設契約を成立させた。しかしながら、福島原発事故の直後にパートナーのNRGエナジー社は撤退を表明し、東芝は独り取り残されることになってしまった。東芝は、二〇一三年、二〇一四年とSTPの維持に関わる合計七二〇億円を損失計上しているが、その後は建設時期を見極めるとしてきた。今後、このいわくつき案件からの最終撤退に向けた追加損失は避けられないであろう。さらに東芝はこのSTPに関連し、数十キロ離れたフリーポート市に建設中のLNGプラント（二〇一九年生産開始予定）との二〇年間にわたるLNG加工契約を二〇一三年に総額七四億ドルで結んでいる。目的はLNG引き取りと電力供給とのバーター、ならびに日本国内における東芝製タービンとLNGとの抱き合わせ販売である。(注6)現在、LNGの市場価格は当時のほぼ半額となり、今や、この加工契約は巨額の損失リスクとなってしまった。（図1‐1参照）。

さらに、東芝は二〇一四年一月に、WHのAP一〇〇〇型PWRを三基新設するために、イギリス

注3　「東芝解体」『週刊東洋経済』二〇一七年二月四日、五一頁
大鹿靖明『東芝の悲劇』幻冬舎、二〇一七年、一七九頁
注4　「東芝と経産省　失敗の本質」『週刊エコノミスト』二〇一七年六月二〇日、二〇頁
注5　今沢真『東芝消滅』毎日新聞出版、二〇一七年、八四頁
注6　前掲『週刊エコノミスト』、三〇頁

の原子力発電事業会社ニュージェネレーションの株式六〇％を取得している。英国では先行する諸計画が建設費の高騰などで紆余曲折を繰り返しており、ＳＴＰ同様に不良資産となる可能性は大きい。ＷＨ破たんに伴う東芝の損失は一兆五〇〇〇億円と報じられているが、(注7) そのほかにこれらのすでにコミットした事業がどの程度の負担をもたらすかは予断を許さない。

2　世界の原発産業の衰退

競合他社の状況も俯瞰してみよう。三菱重工はフランスのアレバとの、日立製作所はアメリカのＧＥ社との合弁企業を設立してそれぞれ海外の原発の建設受注を目指しているが、国内外ともに福島原発事故以降の新規受注は皆無である。

三菱重工はアレバ社と共同開発したＡＴＭＥＡ1型（ＰＷＲ）をトルコのシノップ原発で実現することを図っているが、トルコを巡る政治情勢の不安定さが進展を遅らせている。ベトナムのニントゥアン省の新設計画（三菱重工によるＡＴＭＥＡ1型二基が有力視されていた）は二〇一六年秋にベトナム政府自身によって白紙撤回された。

日立製作所は、東芝と同様に二〇一二年にイギリスの発電事業会社、ホライゾンニュークリアパワーを約七億ポンド（約九五〇億円）で買収したものの、一三五万ｋＷのＡＢＷＲ数基の建設実現に至る道は容易ではない。また、ＧＥとの合弁で実施していたアメリカでのウラン濃縮技術開発事業は、二〇一七年三月期決算で約六五〇億円の損失を計上して撤退することを発表している。

フランスではアレバが大きな苦境に陥っている。二〇一六年一二月期にも六億六〇〇〇万ユーロ（約八〇〇億円）の赤字を計上し、過去六年間の累積損失は一〇五億ユーロ（約一兆三〇〇〇億円）もの巨額に達した。アレバはすでに事実上破綻し、フランス電力公社（ＥＤＦ）の傘下に入っている。損失の主原因となったフラマンビル（仏）、オルキルオト（フィンランド）の両原発建設プロジェクト（共に最新鋭のＥＰＲ型）は、いまだに遅延と損失の拡大が続いている。フランス政府からの支援要請に対し、三菱重工は約七〇〇億円、日本原燃は約三〇〇億円をそれぞれアレバの子会社に出資することを合意した。

フランス国内では、オランド前政権が安全上の理由から、原発による電力供給割合を七五％から五〇％に減らすとの方針を明らかにしていた。二〇一七年七月一一日ニコラス・ユロ環境相は、エドゥアール・フィリップ首相の決断として、二〇二五年までに一七基の原発を廃炉にすると述べた[注8]。

イギリスのヒンクリーポイントＣ原発の建設は二〇一六年に決定したものの、コスト競争力が著しく劣ることを二〇一七年六月にイギリス議会監査局（ＮＡＯ）が指摘するなど、疑問が投げかけられている[注9]。この原発はフランス電力公社（ＥＤＦ）と中国広核集団（ＣＧＮ）が出資して建設するもので、

注7　「ウェスチングハウスで東芝『一・五兆円損失』」『毎日新聞』二〇一七年八月二三日
注8　「フランス・ユロ環境相、二〇二五年までに一七基の原発を廃炉にすると宣言」ＲＩＦＦ、二〇一七年七月一一日
注9　「英原発、電力料金の政府負担が三〇〇億ポンドに拡大も＝監査局」ロイター、二〇一七年六月二三日
http://jp.reuters.com/article/britain-nuclear-costs-idJPL3N1JK1S6
なお、「Ｃ」というのは、すでに同サイトに「Ａ号機」と「Ｂ号機」があり、老朽化しているのでＣ号機を新設するという計画である。

イギリス政府が電力一ＭＷｈ当たり九二・五ポンドの料金を三五年にわたって保証している。ところが、イギリスの電力卸売価格は計画の決定以来下落し、現在は一ＭＷｈ当たり約四〇ポンドである。ＮＡＯの報告書は、「建設が遅れており、政府が負担する電力料金の総額は六〇億ポンドから三〇〇億ポンドに拡大する可能性がある」という見通しを示した。

そんな中、二〇一七年八月三一日、安倍首相は来日したメイ首相と会談し、日立製作所がイギリス中部ウィルファで計画中の原発二基にたいして建設促進の協力を確認した。具体的には、原発事業は福島事故以降に安全対策費が膨らみやすく、政府系の日本政策投資銀行、国際協力銀行が投資に参加することに加え、さらに融資に参加する民間の大手銀行が、貸し倒れリスクが大きいと判断していることに対して、政府系の日本貿易保険が、貸し倒れが発生した場合に全額補償を提供する見込みである。[注10] 初めからリスクの高いプロジェクトであることを承知の上で、成功すれば利益は企業やメガバンクが懐にし、失敗すれば損失を国民負担にするというスキームをプロジェクト開始時点で仕組むというのは、株式会社制度の根幹を腐らせる明白なモラルハザードである。

韓国では二〇一六年一二月に新古里《シンコリ》三号が稼働し、建設中の原発も三基存在する。しかし、文在寅《ムン・ジェイン》大統領は二〇一七年五月の選挙運動中に、新規原発建設から撤退し、原発寿命延長（設計寿命は三〇年で、申請が認められれば一〇年単位で延長できることとなっている）を否定、建設中の原発についても稼働間際の新古里四号と新ハヌル（新蔚珍）一、二号の稼働については再検討するなどの脱原発方針を発表している。六月一八日、韓国で最も古い古里一号機が廃止された。文大統領は六月一九日の古里一号機永久停止宣言式で、原発は開発途上の時期に選択したエネルギー政策であると指摘し、さらに東京電力福島第一原発事故に言及しながら、原発が安全でも、安価でも、環境にやさしくもないことを指摘し、脱原発に進むことを宣言した。

　中国の原子力発電開発にもブレーキがかかるようになり、原発の高度成長は実現しそうにない。第一は福島原発事故であり、これにより中国内陸部の原発建設計画が凍結され、また今後の原発計画申請は新型炉のみが認められることとなった。第二はＷＨのＡＰ一〇〇〇（四基）の建設難航である。すでに工期が三～四年遅れており、コスト超過も懸念される。それにより「華龍一号」（ＨＰＲ一〇〇〇、フランスの原子炉技術をベースに開発した一〇〇万ｋＷ級の国産原発。二重格納容器を備える）とともに新型炉の中軸とみられていたＡＰ一〇〇〇とその国産版ＣＡＰ一〇〇〇（一〇〇万ｋＷ級）、ＣＡＰ一四〇〇（一四〇万ｋＷ級）の新増設計画の将来が見通せなくなった。ＷＨの経営破綻によりこの問題の不透明感は一層増している。第三は電力過剰問題である。中国ではすでに「棄風」「棄水」問題（再生可能エネルギーが急速に拡大する一方、送電インフラ不足のために無駄にされた電力が大量に発生した問題）が深刻化している。これらの要因によって、国内投資はブレーキがかかっており、海外進出を目指している。

　台湾では、二〇一六年五月に誕生した蔡英文《ツァイ・インウェン》政権は、二〇一七年一月に制定された改正電気事業法の第九五条で「すべての原発は二〇二五年までに操業を終了するものとする」と規定した。原発の運転期間を四〇年とし、二〇二五年の第三原発二号を最後に六基すべての原発を廃止するものであ

注10　「原発融資を全額補償」『日本経済新聞』二〇一七年九月二一日

る。

世界の大勢は原発産業がもはや市場から敗退していく流れにあると言って差し支えない。

3　再生可能エネルギーへの潮流

再生可能エネルギーは、北欧やドイツなどで二〇〇〇年代に急速に普及した。とりわけ、福島原発事故直後にドイツ政府は倫理委員会を組織し、原発を二〇二二年にゼロにするという政策を決定し、産業構造全体を着々と転換して、むしろ風力発電や太陽光発電の新設ブームで経済が活況を呈している。

その動きは世界に共通で、欧米のみならず、中国でも二〇一五年時点での電力需要のうち約二三％を再生エネルギーでまかなっている。そして、中国国家発展エネルギー研究所、ローレンス・バークレー国立研究所（米国）などの予測によると、二〇五〇年には六五％強を再生可能エネルギーでまかなうということが見込まれている。(注11)

そのような潮流を俯瞰する事実として、二〇一六年末に、世界の発電設備の導入量のうち、風力発電と太陽光発電の導入量の合計が原子力の導入量の合計の約二倍に達したというデータが発表された（図1-2）。(注12)

日本国内では、政府は既存の原発を運営する電力会社の権益を図って、むしろ再生可能エネルギーの普及を妨げているが、(注13)市民の自律的な動きが活発で、各地に草の根の市民電力設立が盛んになっており、さらにイノベーションを目指す大資本も新電力の設備投資を加速させている。

消費者側の動きも活発で、二〇一六年四月に家庭用などの低圧分野の契約が自由化されて以降、一〇カ月間（二〇一七年一月末現在）の切り替え件数は約二四六万件（三・九％）で、着実に増加している。特別高圧・高圧分野は二〇〇〇年以降順次自由化されてきたが、二〇一六年四月の全面自由化以降は大きく伸びており、同年一二月末には約一二％となっている。[注14] 二〇一七年四月に、新電力全体の家庭向け月間販売電力量が、電力大手一〇社のうち北海道電力など四社の販売量を抜いたことが分かった。新電力は「全国七番手」となり、一大勢力になりつつある。[注15]

興味深いのは、二〇一七年六月に、東京電力が「再生可能エネルギー一〇〇％」をキャッチフレーズにした家庭向け電力を発表したことである。[注16] 消費者の多くが原発由来の電気を嫌って、事故以後も原発に固執する東電から新電力に契約を切り替えていることを、東電の契約窓口の人たちがひしひしと感じていることの証左であろう。

注11　『新しい火の想像：中国—中国におけるエネルギー消費と供給に向けた二〇五〇年へのロードマップ—』概要版、二〇一六年九月、三二頁　http://www.renewable-ei.org/images/pdf/20170131/REI_ReinventingFireFChina_ExecSummary_JP_Final.pdf

注12　「世界と日本の自然エネルギーデータ２０１６年」環境エネルギー政策研究所 http://www.isep.or.jp/archives/library/9570

注13　熊本一規『電力改革の争点』緑風出版、二〇一七年

注14　「電力小売全面自由化の進捗状況」資源エネルギー庁、二〇一七年四月二一日 http://www.meti.go.jp/committee/sougouenergy/denryoku_gas/denryoku_gas_kihon/pdf/003_03_00.pdf

注15　「新電力、四大手抜く」『日本経済新聞』二〇一七年八月一二日

注16　「再生エネ一〇〇％の電気　東電が家庭向け販売」『朝日新聞』二〇一七年六月二日

図1-2　世界の風力発電と太陽光発電の推移（原発との比較）

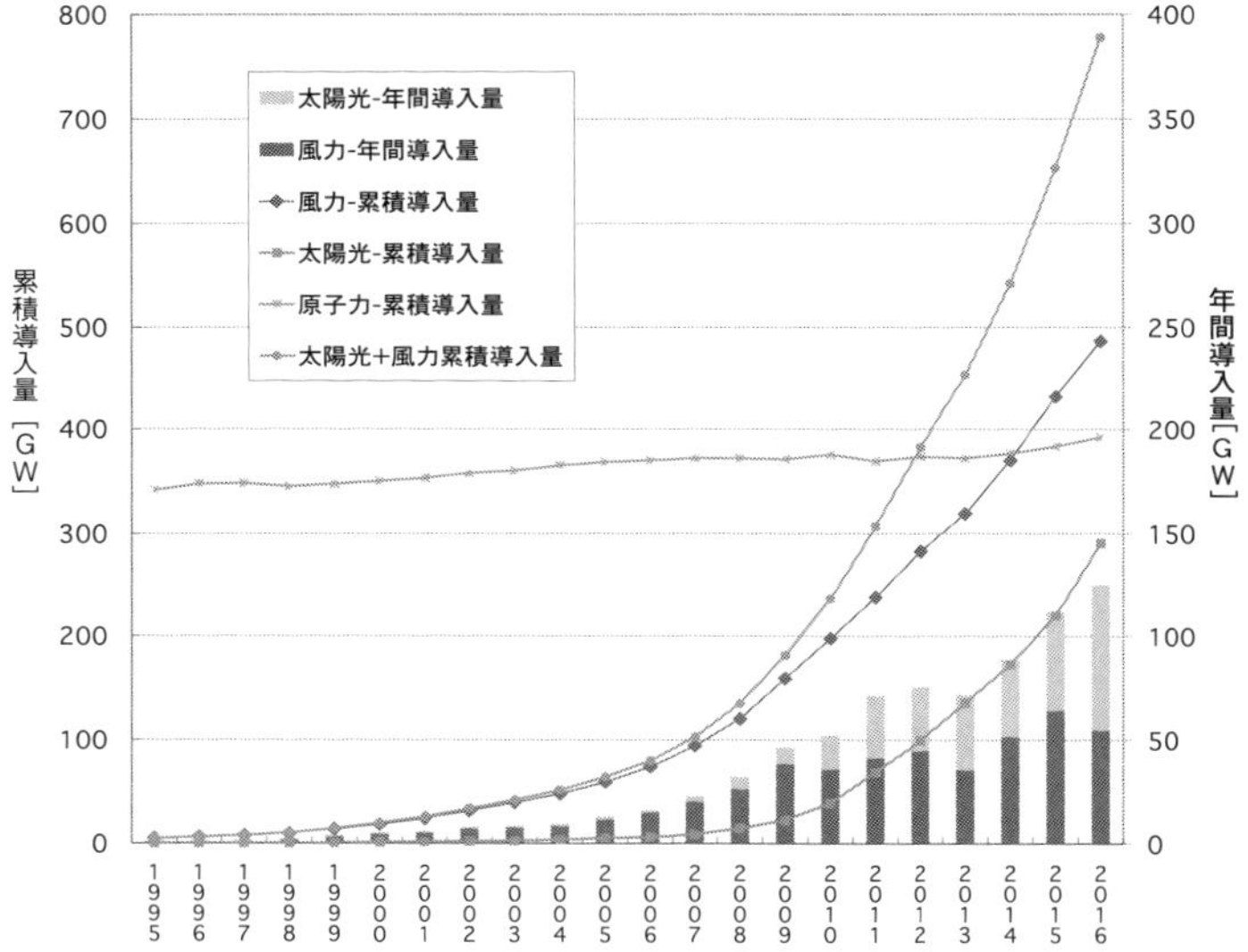

出典：環境エネルギー政策研究所（ISEP）

実際には、既存の電力網に新電力が系統接続する際に、さまざまな不合理なハンディキャップを課されており、それが新電力の伸びを妨害しているが、それにもかかわらず新電力の伸びは予想外に堅調である。環境エネルギー政策研究所（ISEP）の調査では、日本国内の電力需給実績において、二〇一六年五月四日に自然エネルギーが電力需要の四六％を満たした（一時間値）という報告すらある（注17）。

再生可能エネルギー設備は工場での大量生産が可能であるので、普及が進めばコスト低減が著しくなる。国際再生可能エネルギー機関（IRENA）が二〇一六年六月に発表した報告書によると、二〇〇九年以降、太陽光パネルの価格は八〇％、風力タービンは、三〇～四〇％低減してきている。今後、累計設備容量が倍になるたびごとに、技術革新やスケールメリットによって、さらに太陽光発電のパネル価格は二〇％、風力タービン価格は一二％下がるとみられている。その結果、世界の太陽光、陸上風力発電による電力の平均コストはｋＷｈあたり、五～六セントにまで低減すると見積もられている。(注18)

他方、原発の設備コストは、福島事故以前には一〇〇万ｋＷ級の設備一式で約五〇〇〇億円と言われていたが、それ以降の契約ではさまざまな安全設備を付加して一兆円を超えている。(注19)しかも、ＷＨのアメリカにおける現場建設コストの増大や、アレバのリトアニアにおける工事コストの増大のように、最近の過酷事故対策を組み入れた設計変更には、現場工事の不確定要因がまだまだ把握されていない。したがって、原発にはコスト増大要因はあっても低減要因はない。その結果は当然、原発由来の電力コストの競争力がますます失われていることを意味する。

さらに、工期を比較すれば、原発プラントは契約からおよそ一〇年間が必要であるのに対して、再生可能エネルギー設備はほぼ一年間で完成する。原発プラントのようにほぼ毎年定期修理が必要で、運転中も保守や監視業務を要する設備では、その設備の稼働期間全体のコスト競争力を見通して投資決定をしなければならない。しかも、従来きちんと計算しないで済ましていた莫大なバックエンドコ

注17　環境エネルギー政策研究所、前掲書

注18　「再生可能エネルギー発電コストは数十％低減可能、ＩＲＥＮＡ報告書」㈱ニューラルサステナビリティ研究所、二〇一六年七月二三日　https://sustainablejapan.jp/2016/07/23/irena-report/22965

“Average Costs for Solar and Wind Electricity Could Fall 59% by 2025”, IRENA, 15 Jun 2016

注19　たとえば、格納容器の二重化、ＡＰ一〇〇〇の受動的冷却水貯槽、コアキャッチャーなど。

ストも勘案しなければならない。稼働期間を四〇年間と想定した場合には、その間の競合技術の進歩も織り込まなければならない。原発側にコストダウンの要素が見込めず、風力発電や太陽光発電にその要素が顕著に予見できる今日、これから新設する設備として何を選ぶべきか明らかであろう。

4　ガラパゴスの原子力政策

福島原発事故以降、国内で稼働する原発は急減し、二〇一二年五月五日に稼働原発ゼロとなった。この背景としては、当時の民主党内閣で菅首相が、原発の定期点検からの再稼働に際し、ストレステストを義務づけたことが大きい。二〇一三年七月の新規制基準の施行を経て、現在（二〇一七年八月）の稼働原発は五基にとどまっている。結果として、福島原発事故以降、日本が急激な「脱原発依存」を実現したことは間違いない。

現在も国民の多くが脱原発を支持しているが、二〇一二年一二月の総選挙で発足した安倍政権は、新規制基準の適合性審査で〈合格〉した原発の再稼働をなし崩しにすすめている。

(1)　日本における原発稼働数の推移

国内の原発は、一九六六年七月運転開始の東海原発以降、約四五年にわたって延べ五八基が稼働し、二〇一一年三月一〇日時点で五四基が〈現役〉、定期検査中をのぞく三七基が運転中であった。東日本大震災により、女川一、三号、福島第一の一～三号、福島第二の一～四号、東海第二の計一〇基が運転を停止し、この時点で稼働中の原発は二七基となった。

その後、志賀二号から、二〇一二年五月の泊三号まで、稼働中の原発が定期点検に入るとともに、福島事故からわずか一四カ月後に国内の稼働原発がゼロとなった。

二〇一二年八月に野田政権（当時）が大飯三、四号機の再稼働を許可したが、その後、二〇一三年九月に定期検査に入ったために停止し、再び稼働原発ゼロの状態となった。

二〇一二年九月に原子力規制委員会が設置され、二〇一三年七月に新規制基準が施行された。この間、二〇一二年一二月の総選挙により、民主党から自民党に政権が交代した。

福島原発事故以降、福島第一の六基および稼働年数が長い六基の廃炉が決定し、〈現役〉の原発は二〇一七年八月現在四二基である。そのうち、新規制基準適合性審査の申請は、二〇一七年七月時点で一一電力、一六発電所、二六基（計画中の大間を含む）の申請にとどまっており、一七基は申請がなされていない。仮に二六基全部が再稼働したとしても、基数でいえば福島事故以前の五四基（発電電力量の三一％）[注20]の半分であり、それらの発電量割合は一五％程度にとどまる（表1‐1参照）。

⑵　時代に逆行する原発政策

政権交代後安倍政権は、民主党政権時代の原発・エネルギー政策を「ゼロベースで見直す」とし、二〇一四年四月に発表した「エネルギー基本計画」[注21]の「一次エネルギー構造における各エネルギー源

注20『原子力市民年鑑二〇一六―一七』原子力資料情報室、七つ森書館、二〇一七年、三九三頁

の位置付けと政策の基本的な方向」において原発を重要なベースロード電源として維持することを謳った。さらに、二〇一五年七月の「長期エネルギー需給見通し」[注22]において、「東日本大震災前に約三割を占めていた原発依存度は、二〇％～二二％程度へと大きく低減する」として、原発依存度の数値が具体的に示されている。しかし上述のように、現状では一五％が上限である。

「エネルギー基本計画」は三年ごとに見直すことになっている。二〇一七年がその年である。改定の準備作業として、四月二六日に原子力委員会は「原子力利用に関する基本的考え方（案）」を策定してパブリックコメントを募集した[注23]。その考え方は、地球温暖化対策やエネルギー供給のために原子力が必要だから原発利用を続けるという旧態依然のものである。たとえば、「原子力利用の基本目標について」の第２項に次の説明がある。

> 地球温暖化問題に対応しつつ、国民生活と経済活動の基盤であるエネルギーを安定的かつ低廉に供給することを通じて、国民生活の向上と我が国の競争力の強化に資することが求められている。現在ある技術として、原子力のエネルギー利用は有力な選択肢であり、安全性の確保を大前提に、エネルギーの安定供給、地球温暖化問題への対応、国民生活・経済への影響を踏まえながら原子力エネルギー利用を進める。（傍点は筆者）

注21　http://www.enecho.meti.go.jp/category/others/basic_plan/pdf/140411.pdf
注22　http://www.meti.go.jp/press/2015/07/20150716004/20150716004_2.pdf
注23　「原子力に関する基本的考え方」原子力委員会、二〇一七年四月二六日

表 1-1　日本の原発の運転年数（2017 年 12 月末現在）

原発	出力（万 kW）	炉型	運転開始	電力会社	適合性申請	運転年数
敦賀 1	35.7	BWR	1970	日本原子力発電		廃炉
美浜 1	34	PWR	1970	関西電力		廃炉
美浜 2	50	PWR	1972	関西電力		廃炉
高浜 1	82.6	PWR	1974	関西電力	2015.3.17	43
島根 1	46	BWR	1974	中国電力		廃炉
高浜 2	82.6	PWR	1975	関西電力	2015.3.17	42
玄海 1	55.9	PWR	1975	九州電力		廃炉
美浜 3	82.6	PWR	1976	関西電力	2015.4.2	41
伊方 1	56.6	PWR	1977	四国電力		廃炉
東海第 2	110	BWR	1978	日本原子力発電	2014.5.20	39
大飯 1	117.5	PWR	1979	関西電力		廃炉
大飯 2	117.5	PWR	1979	関西電力		廃炉
玄海 2	55.9	PWR	1981	九州電力		36
福島 II-1	110	BWR	1982	東京電力		35
伊方 2	56.6	PWR	1982	四国電力		35
女川 1	52.4	BWR	1984	東北電力		33
福島 II-2	110	BWR	1984	東京電力		33
川内 1	89	PWR	1984	九州電力	2013.7.8	33
福島 II-3	110	BWR	1985	東京電力		32
柏崎刈羽 1	110	BWR	1985	東京電力		32
高浜 3	87	PWR	1985	関西電力	2013.7.8	32
高浜 4	87	PWR	1985	関西電力	2013.7.8	32
川内 2	89	PWR	1985	九州電力	2013.7.8	32
敦賀 2	116	PWR	1987	日本原子力発電	2015.11.5	30
福島 II-4	110	BWR	1987	東京電力		30
浜岡 3	110	BWR	1987	中部電力	2015.6.2	30
泊 1	57.9	PWR	1989	北海道電力	2013.7.8	28
島根 2	82	BWR	1989	中国電力	2013.12.25	28
柏崎刈羽 2	110	BWR	1990	東京電力		27
柏崎刈羽 5	110	BWR	1990	東京電力		27
泊 2	57.9	PWR	1991	北海道電力	2013.7.8	26
大飯 3	118	PWR	1991	関西電力	2013.7.8	26
志賀 1	54	BWR	1993	北陸電力		24
柏崎刈羽 3	110	BWR	1993	東京電力		24
大飯 4	118	PWR	1993	関西電力	2013.7.8	24
浜岡 4	113.7	BWR	1993	中部電力	2014.2.14	24
玄海 3	118	PWR	1994	九州電力	2013.7.12	23
柏崎刈羽 4	110	BWR	1994	東京電力		23
伊方 3	89	PWR	1994	四国電力	2013.7.8	23
女川 2	82.5	BWR	1995	東北電力	2013.12.27	22
柏崎刈羽 6	135.6	BWR	1996	東京電力	2013.9.27	21
柏崎刈羽 7	135.6	BWR	1997	東京電力	2013.9.27	20
玄海 4	118	PWR	1997	九州電力	2013.7.12	20
女川 3	82.5	BWR	2002	東北電力		15
東通 1	110	BWR	2005	東北電力	2014.6.10	12
浜岡 5	138	BWR	2005	中部電力		12
志賀 2	135.8	BWR	2006	北陸電力	2014.8.26	11
泊 3	91.2	PWR	2009	北海道電力	2013.7.8	8
大間	138.3	ABWR	建設中	電源開発	2014.12.16	0

何か冗談かと疑われるが、上記の文章の中の傍点を付したキーワード三点について、以下にコメントしたい。

①　エネルギーの安定供給

原発はもっとも典型的な大規模集中型発電所であり、いったん事故が起これば大規模な電力源を喪失する。それは、福島原発事故で如実に示された。東京電力管内では「輪番停電」が行われて生活や企業活動にひどく不便を生じた。今日もっとも安定供給に適しているのは、小規模の分散型発電設備である。ヨーロッパでは、広域電力網に接続して安定した供給源になっている。

②　地球温暖化問題への影響

二〇〇九年度の国内の電力消費量がエネルギー消費全体（一次エネルギー）に占める割合（電力化率）は二四％であった。(注24) その電力のうち原子力発電が占める割合を一五％とした場合、一次エネルギー全体に対しては三・六％に過ぎない。しかも、地球温暖化に有効なもう一つの手段として再生可能エネルギーがある。この文書が再生可能エネルギーの可能性にまったく触れていないのは、意図的に見ぬふりをする偏った議論である。

③　国民生活・経済への影響

福島県が発表している原発被災に伴う避難者の数は、ピーク時には一六万四八六五人（二〇一二年三月）、事故後六年を経過した今も七万七二八三人（二〇一七年三月）とされている。[注25] しかし、県は災害公営住宅などに入居した人たちを避難者から除外しており、避難者はほかに二万人以上いる。[注26] さらに、近県から避難している人びともいる。つまり、今も一〇万人以上が避難している。政府や福島県は避難者の人数や地元の人びとの苦境を省みず、その結果賠償が滞り、放射線被ばくによる健康被害も徐々に現れつつある。それをできるだけ過小評価して「国民生活・経済への影響」に目を向けないようにしている。もっとも典型的な例が、非常時の許容被ばく基準である二〇ミリシーベルト／年の地域に住民の帰還を促していることである。このような非人道的な政策を無視して、原発が国民生活・経済へ影響を及ぼさない産業であるということ自体が、根拠を失っている。

(3) 政府が特定産業に肩入れすることの悪弊

薄弱な根拠を並べて、産業としての原子力発電を政府が選択し、推進することの合理性を問わねばならない。一つの産業に執着することは、必然的に他の産業の排除を伴う。民間の個別企業がそれぞれに選択を行って切磋琢磨することは経済社会発展のために不可欠である。しかし、行政府が特定の産業を選択して、それに物的・人的・資金的資源を投入することは、健全な経済発展を阻害する。東

注24　「資源エネルギー問題を考える」北九州市立大学　天野研究室　http://chempro.env.kitakyu-u.ac.jp/~famano/energy/fuel.html

注25　「避難区域の状況・被災者支援」福島県　http://www.pref.fukushima.lg.jp/site/portal/list271.html

注26　「福島県発表の避難者に二万四〇〇〇人余含まれず」ＮＨＫ、二〇一七年三月一二日　http://www3.nhk.or.jp/news/genpatsu-fukushima/20170312/1434_24000.html

芝が経産省の後押しのもとに原子力事業に過大な投資を行ったことは顕著な事例である。

他の事例をあげれば、携帯電話市場で日本の寡占的市場だけを視野に入れて、ｉモードやＦＯＭＡといった技術上の精緻さを競った製品を作っているうちに、国内メーカーの製品が世界標準から外れて「ガラ携」と呼ばれるようになり、ヨーロッパやアジアのメーカーの後塵を拝するようになった事例がある。メーカーにとっては、日本市場の主導的企業であるＮＴＴドコモに従っていれば十分に市場が確保できる環境にあったからである。(注27)

独占企業と一体になって行政府が市場における商品の優劣を判断し、育成するようなことがこれからも可能であろうか。技術革新のサイクルが時代とともにさらに短くなってきた現在、市場の自由競争を妨げて、行政府が原子力産業が必要不可欠なものと明示すること自体が間違った行為である。現代の、とりわけグローバルな資本主義の発展の行方は誰にも見通すことはできない。偏狭な知恵や既得権益による計画は無理であって、(注28)多様な価値観の世界の経済原則になりつつあることは、近年ますます現実化している。日本の行政府は産業政策において禁欲的態度をとるべきであって、特定の産業育成を政策の中心に据えることは、新たなガラパゴス産業を育てることにほかならない。

注27　大西康之『東芝解体　電機メーカーが消える日』講談社現代新書、二〇一七年、三二一頁
注28　アダム・スミス、水田洋訳『国富論』(上)、河出書房新社、一九七四年、三七六頁

第２章　平時の原子力開発は成り立たない

1　基本設計を輸入し続けた原発業界

日本の産業界は、戦後焼け野原の中で工場を建設しなおし、五〇年代から六〇年代にかけて欧米諸国の企業と技術提携契約を結んで、当時の最先端の技術を学んだ。その技術導入も契約期間の多くは五年程度で、それぞれの企業は開発装置をつくり、学んだ技術を自社内で再検証し、先行する欧米の企業を凌いで、性能が良く生産効率の高い生産設備を作って、欧米の市場を奪っていった。自動車、家電製品、音響機器のような消費財はもとより、鉄鋼や産業機械なども世界市場でのシェアを高め、欧米の先進工業諸国が危機感を持つほどであり、一九八〇年代には『ジャパン・アズ・ナンバーワン』という本が七〇万部を超えるベストセラーになった。(注1) 中でも、半導体はハイテクの枠としてとくに注目を集めた。

今となっては信じられない話だが、一九八五年から一九九一年までの七年間、NECは半導体の売上高で世界一の座にあった。日立製作所、三菱電機、東芝なども増産に次ぐ増産で、一九八八年には日本製の半導体が世界販売の五〇％を占めた。こうした「日の丸半導体」の急激な膨張は、米国や欧州を震え上がらせた。(注2)

そこで、基本的な疑問がある。このような日本の産業界のトレンドの中で、原発だけは基本設計を自分のものとしないで五〇年余の間輸入し続けたのはなぜだろうか。

地域独占の電力会社には、抜本的な技術開発をして他社より市場を広めるとか、設備上の工夫をして経済性を上げるとか、より性能の良いものを選択しようというインセンティブが働かなかった。言わば官製談合に近く、主として東日本の電力会社の原発はGEが基本設計を提供するBWR、西日本はWHのPWRを、十年一日のごとくに作り続けてきた。電力会社とエンジニアリング会社および経産省は、そういう体制を守るばかりで、自国独自の技術開発によってアメリカやヨーロッパの同業者を凌駕しようとはしなかった。その結果、単に自力で前進しなかったというだけではなく、欧米の原子力規制当局が時代とともに改善した技術基準を採り入れることもなく、古い基準のまま日本国内の原発を運営するという退嬰的な姿勢に陥った。欧米の開発者が既往のシステムを完成品と見ることなく、ことあるごとに改良を重ねていったときでも、追随者に徹した日本の業界は、変更すること自体が既設設備の不完全を告白して市民の不安を増大させることになるという旧慣墨守に陥ってしまったのである。たとえば、世界の基準が過酷事故の発生を前提に、五層の防護を求めていたのに対して、日本では過酷事故は「残余のリスク」の中に分類して、第四層、第五層には具体的な対策を要求せず、市民に対しては確率論を持ち出して、原発に過酷事故の心配はないと宣伝してきた。

単に競争市場ではなかったということだけではなく、原発の本質に由来する危険性が開発意欲に対してブレーキを掛けた側面もあるだろう。原発はいったん事故が起これば莫大な被害が発生するため

注1　社会学者エズラ・ヴォーゲルの一九七九年の著書。
注2　大西康之『東芝解体　電機メーカーが消える日』講談社現代新書、二〇一七年、九三頁

に、うかつに実験や開発行為が行えないという足かせがあるからである。
しかし、最初に東芝がＧＥの下請けになって福島第一原発一号機の仕事に着手するときに、自らもタービン技術者として働いてきた土光敏夫社長は、技術の国産化を視野に入れて仕事をするように技術者たちに言い続けた。

六六年、東芝はＧＥとの技術導入契約を結び、土光直属の「原子力本部」が立ち上げられる。土光は、技術陣に厳命した。
「いずれ原子炉は国産化する。ＧＥの模倣にとどまるな。鵜呑みにしてはダメだ。自分でよく消化してことに当たれ。絶対に事故を起こしてはいかんぞ」。
土光は、東電に「アメリカから自動車一台輸入するのと違って原子力プラントは複雑なシステムなので、当初から日本の技術者にチェックさせてほしい」と訴えたが、東電は「世界一のＧＥが自信をもって造った原子力プラントだ」と土光の頼みを退けた。(注3)
後年東芝でＢＷＲの格納容器の設計にたずさわった後藤政志氏は土光の言葉を身にしみて感じる立場になった。

技術というのは失敗を体験し、それを乗り越えて発展していくのが大原則なんです。原子力の一番の問題点は、失敗が許されない技術だということに尽きます（中略）。つまり、原子力は真っ当な技術ではない。それが私の結論です。原子力は技術とさえいえない。なぜなら失敗が許されない技術は将来も発展できません。改善し、発展することが不可能だからです。(注4)

東電や政府はアメリカの生徒にとどまっていることが快かったのであろう。その事大主義的商習慣が後の東芝経営者たちを、経産省官僚の勧めに従って、ウェスティングハウスという会社を買いさえすれば原発ビジネスで世界を制覇できると考えさせたに違いない。

他方、韓国や中国の企業家たちは、自らのオリジナルの技術で安価な原発を売り込み、欧米や日本の市場と思われていた顧客を奪い始めた。二〇〇九年暮れに、アラブ首長国連邦（ＵＡＥ）が行っていた同国初の原発建設の国際入札で、韓国電力・斗山重工業・現代建設・サムスンＣ＆Ｔらが組んだジョイント・ベンチャーが、韓国電力が設計した一四〇万ｋＷ級の韓国標準型加圧水型軽水炉ＡＰＲ一四〇〇四基を破格の価格で受注したのである。(注5)

同様に中国も、現在建設中の原発はアメリカの基本設計のものを輸入するが、近い将来に独自のモデルを設計して世界市場に輸出する意思を明らかにしている。

原発輸出にともなうリスクの問題をひとまずおいて考えれば、このような技術開発戦略がなければ

注３　山岡淳一郎『気骨　経営者土光敏夫の闘い』平凡社、二〇一三年、一八三頁

注４　溝口敦『人生の失敗』七つ森書館、二〇一七年、七五頁

注５　「韓国『ＵＡＥ原発落札』の衝撃」『選択』二〇一〇年二月号　https://www.sentaku.co.jp/articles/view/92

本来の技術発展はあり得ない。そのことに照らせば、日本の原発業界が、一般産業とは違って、最後まで基本技術を外国の権威に依存したことが福島事故の遠因をなし、子会社WHを管理できないという結果に陥ったといえよう。

2　日本の原子力開発の実例

過去に日本で行われた原子力開発プロジェクトの代表例と、アメリカで原爆を開発したマンハッタン計画及びその成果を利用しようと建設した高速増殖炉の開発体制を比較してみたい。

マンハッタン計画は、戦時下の陸軍の未曾有の爆弾開発プロジェクトであって、司令官グローブス准将は任命当時四六歳、エンジニアリングをマネージしたオッペンハイマーは三八歳、研究スタッフの平均年齢は二六歳であった。(注6) そのチームにはヨーロッパからナチスの迫害を逃れてきた多数のノーベル賞級学者たちがいて、異常な熱気のうちに、自身の被ばくをも厭わずに集中して働いた。

そのマンハッタン計画の余勢をかって短期間に建設された高速増殖実験炉（エンリコ・フェルミ炉、EBR‐1）は、炉心溶融事故を起こして廃炉となった。EBR‐2は、一九六五年に初臨界、一九九五年まで三〇年間使用された。しかし、軽水炉時代の中で高速増殖炉は競争力を保てる展望を失い、アメリカは、一九九四年に開発を中止した。(注7) 日本の六ヶ所再処理工場および高速増殖炉（「常陽」や「もんじゅ」）は、それらの先行プロジェクトの挫折を克服して安定した産業に育成しようというものであった。同じ試みはドイツでもフランスでもすでに行われたがいずれも失敗に終わった。日本の開発プロジェクトにおいて、それらの困難を克服するに足る格段に優れた組織、人材、集中力があるだろうか。

アメリカで、高速増殖炉のプロジェクトが実験炉の段階まで実現したのは、戦争目的（原爆）や原子力に対する初期の熱狂とリスクに対する無視があったから可能だったと思われる。平時に、さまざまな制約下にある日本の官僚的研究機構が、ノーベル賞級の頭脳が集中しているわけでもなく、取り立ててタイトな期限もなく、しかも必要性も怪しい〈開発〉を行っていて、先行諸国の失敗を凌駕する成功が得られるだろうか。

ここでレビューする日本の代表的開発プロジェクトは、原子力船〈むつ〉、六ヶ所再処理工場、そして高速増殖炉〈もんじゅ〉の三件である。いずれもプロジェクト遂行体制に問題があって、それぞれとん挫している。

⑴　原子力船〈むつ〉

原子力船〈むつ〉の開発プロジェクトは、原子炉が船舶駆動用エネルギーを供給する画期的なシステムであるとの期待の下に製作、実験された。しかし、一九七四年の初出港の際に放射能漏れを起こ

注６　山田克也『原子爆弾』講談社ブルーバックス、一九九六年、一二三頁
注７　「高速炉サイクル技術の国際動向」日本原子力研究開発機構次世代原子力システム研究開発部門、二〇一〇年一二月一六日 http://www.meti.go.jp/committee/kenkyukai/energy/fact/002_03_00.pdf
小林圭二『高速増殖炉もんじゅ』七つ森書館、一九九四年、一二九九頁

し、地元漁民の反対も盛んになって、新たな定係港を建設し、一九九〇年にようやく洋上出力試験を済ませて開発完了とした。これについては、大山義年氏を委員長とする大山委員会がプロジェクト全体をレビューし総括している。その概要は次の通りであるが、官主導の開発プロジェクトの体制づくりが、形はできても推進主体が希薄であることをまざまざと示している。

問題の放射能漏れは、船体を設計建造した石川島播磨重工業と原子炉を設計製造した三菱重工業との間の設計上の連携不足で、遮蔽リングの設計ミスがあったためである。

大山委員会総括の概要(注8)

・遮蔽実験は、事業団、原研、船舶技研の三者の共同研究で行われ、責任は事業団にあったが、事業団は事務処理機関という自己認識だった。司令塔がいない。強固な開発意志がない。

・技術担当責任者(原子炉部長、技術部長など)が官庁または民間からの出向者であり、二〜三年で交代している。リーダーは「先発完投型」でなければ仕事は完結しない。

・どういう船をめざすかという設計フィロソフィーが不明確。

・実験も不足で、遮蔽効果は実験なしで計算を行っただけだった。

・設計改善の再実験もしていない。

注8 「『むつ』放射線漏れ問題調査報告書」「むつ」放射線漏れ問題調査委員会、一九七五年五月 http://www.aec.go.jp/jicst/NC/about/ugoki/geppou/V20/N05/197524V20N05.html

表 2-1　原子力船〈むつ〉年表

年月日	出来事
1963.8.17	日本原子力船開発事業団設立
1969.6.12	「むつ」進水、ＩＨＩ東京第２工場で
1972.8.25	原子炉部完成、大湊港で（三菱重工業）
1974.8.26 ～ 9.1	出力上昇試験のために出港・初臨界達成・放射線漏れ発生
1978.10.16	修理のため、佐世保港に回航
1982.6.30	佐世保港での改修終了
1982.9.6	「むつ」大湊港に入港
1983.9.5	事業団、関根浜漁港と新定係港に係る漁業補償協定書締結
1984.2.22	関根浜新定係港着工
1990.4.28	岸壁における出力上昇試験（0 ～ 20%）終了
1990.7.10 ～ 12.7	第１回洋上出力試験～第４回洋上出力試験
1991.2.14	使用前検査合格証、船舶検査証書が交付される
1991.2.25 ～ 12.12	第１次～第４次実験航海。洋上で測定試験
1992.1.21	岸壁における燃焼炉心特性試験
1996.8.7	「むつ」科学技術観開館
2001.6.27 ～ 11.20	東海村へ３回に分けて燃料輸送
2005.3	燃料を東海再処理工場の受け入れに合うように解体・再組立

表 2-2　六ヶ所再処理工場年表

年	出来事
1980	日本原燃サービス㈱発足
1992	日本原燃（株）発足
1993	再処理工場着工
1999	再処理事業の開始
2000	第１回使用済み燃料の搬入
2001	通水試験を開始
2006	アクティブ試験を開始
2007 ～ 08	ガラス固化体製造試験停止、08 年７月、12 時間で再度事故。13 回目の竣工時期延期が発表される。
2013	断層検査の実施を発表
2015	計画上の完成時期を 2018 年度上期に延期

(2) 六ヶ所再処理工場

六ヶ所再処理工場は、東海再処理工場の知見を踏まえて建設されたが、実際の核燃料処理の試運転(アクティブ試験)開始後間もなくガラス固化設備のつまりが発生して、現在も稼働していない。ガラス固化設備のトラブルの概要は次の通りである。

・溶融炉の温度管理がうまくできないために、白金族元素(パラジウム、ルテニウムなど)が溶融炉下部に堆積して、出口をふさいで流下しない。
・二〇〇八年七月二日に試験を再開したが、一二時間で詰まってしまい、以降試験ができない。
・ガラス固化体として製造しようとしているものは、高レベル廃棄物である。そのため、いったん運転を開始した後に事故が発生すると、高放射線を帯びた装置を直すために作業者が近づくことができない。開発設備でありながら試行錯誤ができないという致命的な欠陥を持っている。ちなみに、東海再処理工場では二〇一六年一月に九年ぶりにガラス固化設備を運転したらトラブルが続出した。老朽化が原因とされている。

六ヶ所再処理工場について、高木仁三郎氏らは、次の批判を行っていた。(注9)

・原発以上の高い放射能と、硝酸など危険な化学薬品をマニピュレータで操作することはきわめて困難である。
・プロセス設備の故障による臨界事故の危険がある。
・外部への排気はフィルタで放射能を濾過するが、捕集効率が九九・九%であっても、許容値の限界に近い。排気中にはそれほど高レベルの放射能が含まれている。

・排水を沖合へ常時放出している。トリチウム排出量は、原発に比べて桁違いに多い。

・工場は、航空機落下などに対して脆弱である。しかも米軍と航空自衛隊が使用している三沢基地が近くにある。

・下北半島の太平洋側には「大陸棚外縁断層」があり、敷地近傍には活断層があって、予想外に大きな地震のリスクがある。

・十和田火山の噴火によるリスクがある。

組織上の問題について見ると、各電力会社からの出向者が多く、勤務期間も二～三年で交代するために、プロジェクトの困難に身を入れて立ち向かう当事者意識が育たないことが指摘されている。なお近年は、出向社員の転籍を図るなどによってプロパー社員の比率を上げる努力をしており、管理職に占めるプロパー社員が七〇％に増えたとのことである（注10）。

(3) 高速増殖炉〈もんじゅ〉

高速増殖炉〈もんじゅ〉が稼働した期間は、一九九四年の初臨界から二〇一六年までの二二年間の

注9　高木仁三郎『下北半島六ヶ所村核燃料施設批判』七つ森書館、一九九一年

注10　「日本原燃の事業を支えている原動力について」日本原燃、二〇一五年八月七日、一〇頁　http://www.meti.go.jp/committee/sougouenergy/denkijigyou/kentou_senmon/pdf/002_04_00.pdf

うち、わずかに一年一〇カ月に過ぎない。開発装置でありながら故障しても直しに行けないという矛盾を抱えていることが、本質的な困難の原因である。〈もんじゅ〉は二〇一六年一二月に関係閣僚会議において廃止が決定された。この決定に至るまでには関係機関の間でさまざまな議論が行われた。その中で指摘された諸問題を整理すると次のようにまとめられよう。

① 組織が抱える問題

(ア) プロジェクト組織の性格と従業員の士気

・学究的な研究者が組織運営の中心に任ぜられることによって、設備に係る問題に対する関心が手薄になっている。
・設備の保守も運転も外注任せになっている。
・組織の中で出向者が半数以上であり、彼らは二～三年で出向元へ戻る。自意識は都会人であり、地元住民との共同体意識が希薄である。
・先発完投型のリーダーがいない。

(イ) オールジャパンの陥穽

・日本原子力研究開発機構の前身は動燃（動力炉・核燃料開発事業団）であり、その業務遂行方針は旧海軍の艦船を短期間に製造した海軍省の艦政本部のやり方をモデルにしたものである。組織のプロパー職員は業界各社（三菱・東芝・日立・富士）に注文を出す手続きに忙殺され、「オールジャパンで」という建前で、設計・研究・運転・保守要員は、電力会社や設備納入業者から

表 2-3　高速増殖炉もんじゅ年表

年月日	出来事
1967	動燃設立
1980	高速炉エンジニアリングを設立（東芝・日立・富士・三菱）
1983、85	建設準備工事着手、本体工事着工
1991、94	試運転開始、臨界達成
1995.8.29	発電開始
1995.12.8	ナトリウム漏えい事故発生
1998.10.1	動燃解体－核燃料サイクル開発機構発足
2005.10.1	日本原子力研究開発機構発足
2010.8.26	炉内中継装置（重さ 3.3 トン）落下
2011.11	機器点検漏れが 9679 個あったと原子力規制員会が発表

の派遣社員に依存するところが大きい。結果として、組織を動かす強力なリーダーシップが働かない。

・研究テーマが困難であればあるほどリーダーを買って出る人はおらず、縦割りの狭い分野に閉じこもる。その結果、司令塔がいない、責任者がいない、という状態に陥る。

・派遣される人材の質は、経済原則から言っても高くなるはずがない。派遣元の企業にしてみれば、自社の従業員が良い働きをして、その成果を同業他社と分け合うことはつまらない。したがって、派遣者に高い管理責任や貢献を期待できない。筆者自身、政府が金を出す国の開発プロジェクトに何度か参加したことがあるが、この種のプロジェクトは必ずと言ってよいほど、「所期の成果があった。現在の市況に照らすと、資源ひっ迫の状態ではないので、将来資源価格が単位量当たり〇〇ドルを超えたら実用化すればよい」という類の報告書を書いて終わる。このことは、どのようなオールジャパンプロジェクトにも共通しており、先端技術開発であればあるほどそうなりやすい。ジャーナリストの手になる本でも下記の記載例がある。

図 2-1　核燃料サイクル

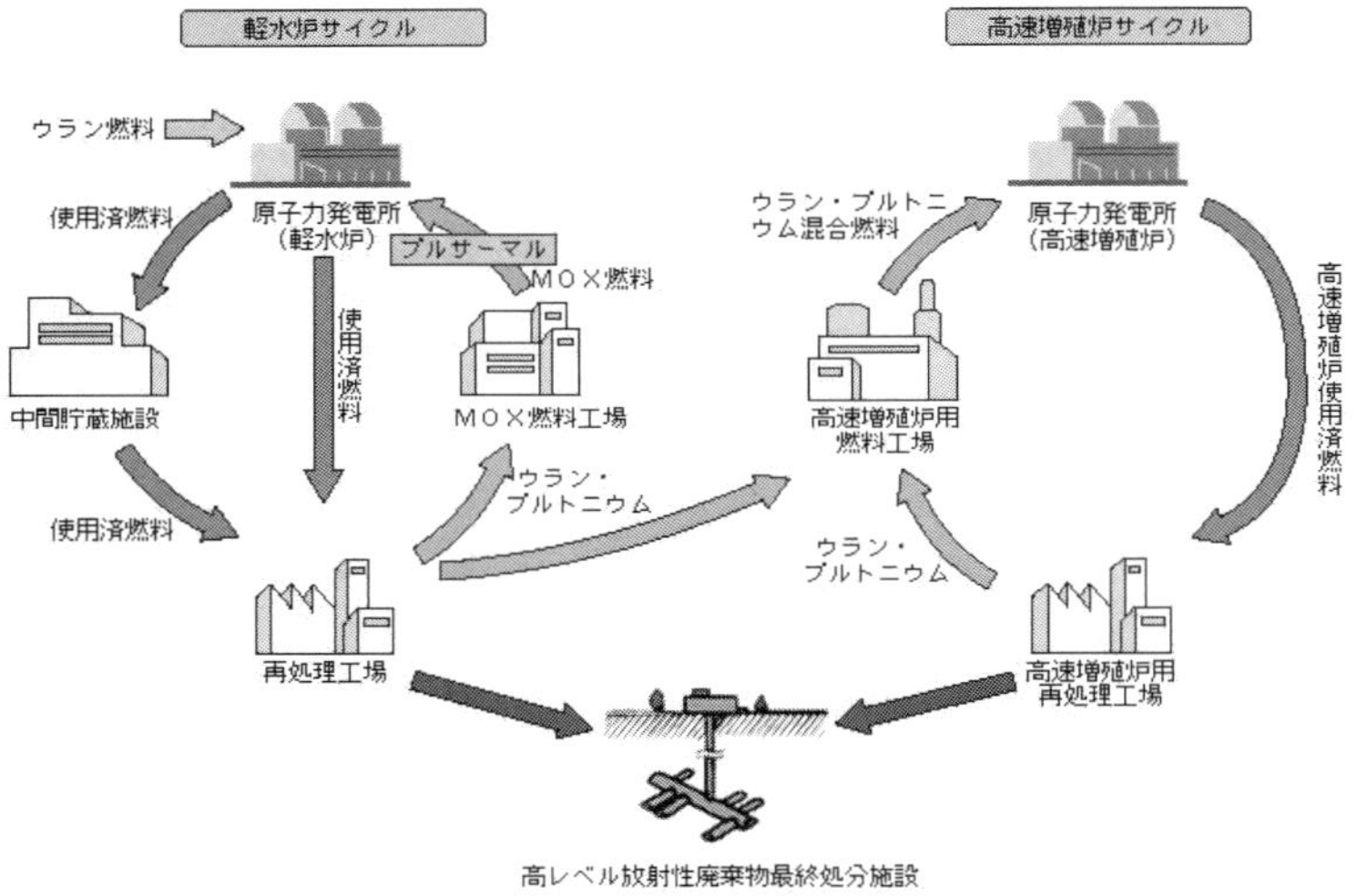

出典：資源エネルギー庁「エネルギー白書 2005」第 5 章核燃サイクルの推進

「国から人を出せと言われても、各社はそれぞれ開発競争をしているわけですから、エース級の人材は出しません。自分たちは何も持ち出さず、持ち帰れるものがあればめっけもの、くらいの感覚でプロジェクトに参加していました[注12]」

(ウ)　**開発業務従事者に与えるビジョン**

・働いている人にとって、自分の立案による開発テーマではない。
・企業内研究と比較して、成功したら自分や同僚の利益になるというインセンティブがない。
・世間からも熱い期待が寄せられている研究テーマではない。
・核燃料サイクル構想自体が破綻している。一〇〇年経っても産業的フィージビリティの見込みがない。
・プルトニウムの軍事的性格に関する疑念

が倫理的躊躇を与える。核分裂性プルトニウムの合計は四八トン（長崎型原発五万発分以上）もある。

高速増殖炉の計画は原子力開発初期からのもので、使用済み核燃料を加工することによってさらに多くの核燃料を生産し、ついには核燃料を輸入しなくても原子力発電を国内で継続できるという「核燃料サイクル」確立のための実証炉であった（図2-1）。

実証炉〈もんじゅ〉（熱出力二四〇MW）の前には実験炉という位置づけの〈常陽〉（熱出力一四〇MW）が運用されていた。そして、実証炉が成功すれば商用炉が建設されるはずであった。政府は今後、実験炉〈常陽〉を運転し、同時にフランスで計画している実証炉〈アストリッド〉に参加して高速増殖炉開発を続けるとしている（注13）。

筆者は、〈もんじゅ〉の開発体制を地元の方々から聞き取る機会があった。研究者であれ作業者であれ関係者はみな、被ばくを避けるためになるべく現場滞在時間を短くしているということであった。保守作業が主な時は保守要員だけが働き、運転作業の時は運転者だけが働く。研究者は必要な時を区切って、短期間に作業を済ませるようにする。この縦割り組織がそのまま仕事を分断しているとのことであった。それは被ばく環境での作業を合理的に行うための当然の措置であろう。しかしその結果、〈もんじゅ〉のナトリウム火災事故の時も、東海村再処理工場のアスファルト火災の時も、現場にい

注12　大西康之『東芝解体　電機メーカーが消える日』講談社現代新書、二〇一七年、七四頁
注13　「もんじゅ廃炉　正式決定」『日本経済新聞』二〇一六年一二月二二日

たのは下請け作業員だけであって、臨機応変の処置ができず、火災の初期消火や対処が遅れたと報告されている。

筆者はプラント建設現場の管理に携わったこともあるが、プラントの完成間もないときに思いがけない失敗を経験したことがあった。機器や配管の接続が一通り完了した段階で水圧テストを行っていた時、同僚の一人がテスト後に空気取り入れのベント弁を開放したままドレン弁から内部の水を抜き、直径約二メートル、高さ約八メートルの立型円筒タンクの内部が負圧になって、内側にひしゃげてしまった。そういう失敗は誰にもある。その現場にいる技術者全員が駆け寄って最善を尽くして短時間に代替タンクを入手した。放射線被ばく環境でそれぞれが被ばく量を節減して、仕事を細切れに分断している職場では、そういう集団的な協力関係ができにくいようである。

研究開発であれば、たとえ注意していても思わぬハプニングが起こることはいっそう頻繁にあるはずである。研究現場で事故が起こらないように努力せよということ自体が矛盾した要求ではないだろうか。そこで厳格な規則を作ることは、仕事をするなというに等しくなるのではないか。

② 研究テーマの正当性

核燃料サイクル実現に向けて高速炉研究を進めることには原理的な困難があって、研究テーマ自体に正統性はない。

・増殖率

燃料倍増時間は、電力会社の見積りで九〇年であって、現実的に核燃料サイクルは実現しない。(注14)

・設備
膨大な再処理工場が必要になる。
・経済性
核燃料製造の意味がない（現在のＭＯＸ燃料でさえ、単純な濃縮ウラン燃料の約一〇倍の値段になっている）。
・減容施設として使えるか
高速増殖炉研究施設が核燃料増殖の目的に役立たないことが判明した後、使用済み核燃料の寿命短縮目的に使おうという研究目的変更案が近年提出されている。しかし、使用済み核燃料は、多種多様の核分裂物質の混合物であり、一定の反応条件で処理しようとすれば、それに適した元素だけを分離して集めなければならない。これを「群分離」という。この群分離は、それを行うために膨大な設備が新たに必要になる。そして群分離を行うと、その副生成物が多量にできるので、合計量としてはほとんど変わらない。さらに、長寿命元素を短寿命元素に変換するということは、強い放射線を出す元素に変換することであり、危険性が増す。

③　開発目的の市場性

現在策定中の新しい原子力政策大綱は、依然として二〇三〇年の電源構成において原子力エネル

注14　小林圭二『高速増殖炉もんじゅ』七つ森書館、一九九四年、六四頁

ギーの割合が二〇～二二％を占め、これを「重要なベースロード電源」と位置付けるとしている。そして、原発の新増設も議論するとのことである。(注15)

軍備計画としてプルトニウム生産を目論んでいるのでなくて、発電事業という国内の産業分野の合理性を議論しているのであれば、市場に委ねればよい。市場競争力がないから国費で開発を行わねばならないという技術を強いて使う必要はない。

将来（一〇〇年後？）のために技術開発を行っておかなければ、という主張があるが、数世代の後の技術革新を現在持ち合わせている知恵で予想するのは無駄である。過去半世紀にどれほどの技術革新があったかを考えてみれば、核燃料サイクル構想自体が不適切である。

④　動く見込みのない装置

〈もんじゅ〉で一万四〇〇〇点に及ぶ「点検漏れ」が問題になった。

現場技術者の経験からすると、「規則に書いてあるから」というだけで、「何年に一度点検せよ」という文言に縛られて仕事をする気にはならないだろう、と同情を感じる。これらの多くは計装機器であったが、計器は使用する直前にキャリブレーション（較正）をするのが常道である。したがって、プラントが動く見込みが立ってから、その二～三カ月前に行えばよく、「数年先だったら今やっても無駄だ」と考えるのが妥当である。したがって、規制委員会に対する窓口の管理者が、早手回しに（委員会から言われる前に）そのような規則適用条件の変更を申し出て、規制当局を納得させればよかったと思う。当事者が自分の仕事を合理的に立案しようという意識がなくて、受動的姿勢にどっぷりつかっているのではないか。

⑤　技術者人生と開発期間

プロジェクトライフが三〇年などという仕事をあてがわれたら、だれだってやる気が失せるであろう。緊張感が続くのはせいぜい二〜三年が限度である。自分が職場にいる間に成果が表れることなく、自分は勤務期間（例えば三〇年間）中継ぎしているだけだと思ったら、成果をめざしてがんばる気が失せ、その日その日をのんびり過ごそうとするのが人情である。

⑥　組織の経営者

動燃の経営者に典型的な例は、大企業の会長を経たような産業界で功成り名を遂げた人びとの権力的な支配である。たとえば、戦争中の「艦政本部」をモデルに考えた丹羽周夫氏などが典型である。(注16)そのほか、電力会社や官庁からの天下りの人々が歴代理事長の多くを占めていて、自ら現役として研究をリードしていく人は見当たらない。

その上、政府が〇〇関係閣僚会議などを構成して屋上屋を架すために、小姑ばかりが多くて、現場は自発的な意思決定ができなくなっている。

注15　「原発新増設を明記　エネ基本計画　経産省が提案」『日本経済新聞』二〇一七年六月九日
注16　清水修二・舘野淳・野口邦和『動燃・核燃・2000年』リベルタ出版、一九九八年、一四三頁

図 2-2 「もんじゅ」に係る直接関係部門

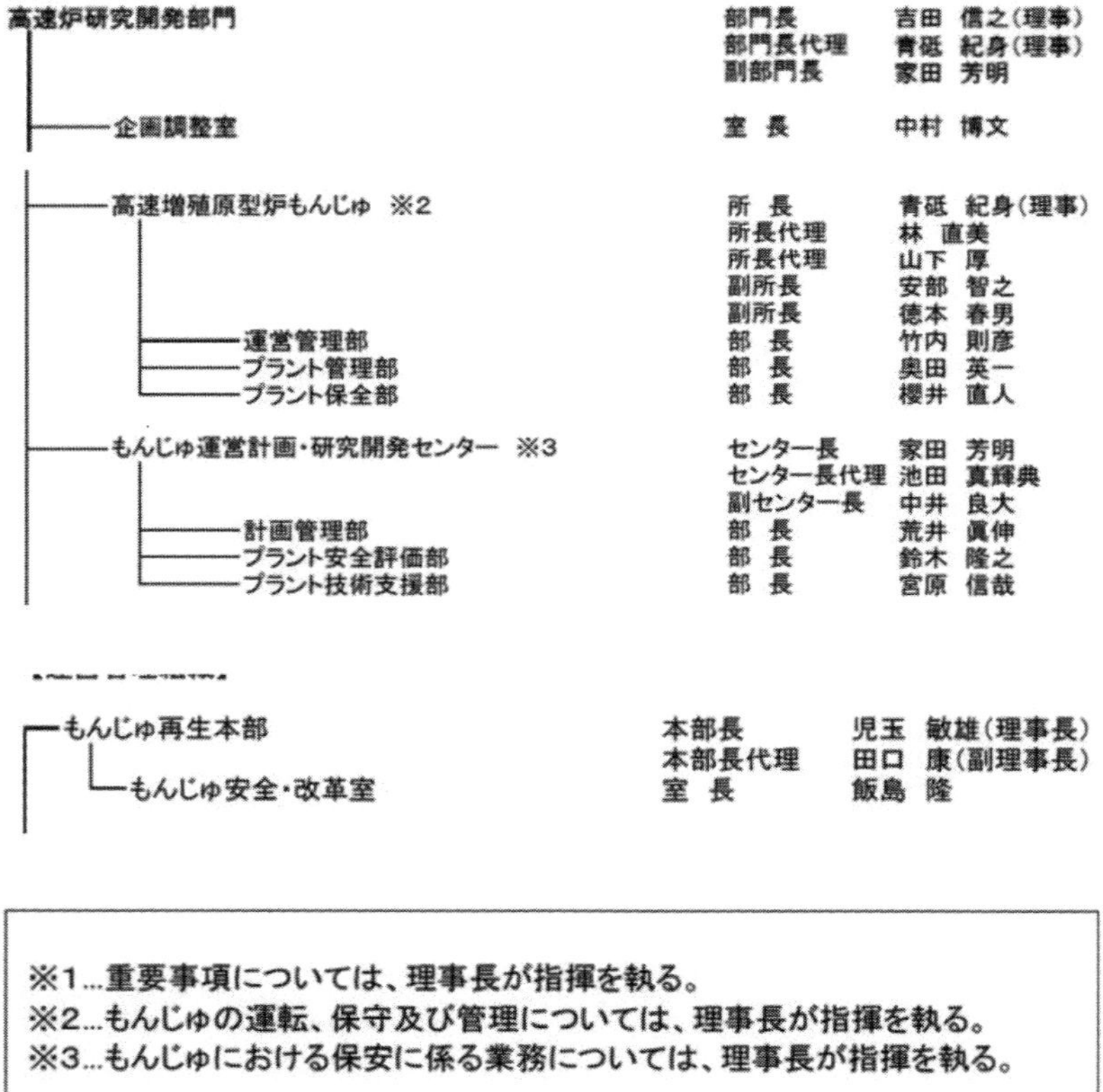

※1…重要事項については、理事長が指揮を執る。
※2…もんじゅの運転、保守及び管理については、理事長が指揮を執る。
※3…もんじゅにおける保安に係る業務については、理事長が指揮を執る。

出典：日本原子力研究開発機構「『もんじゅ』に係る組織図」平成 29 年 10 月 1 日から抜粋

⑦　組織内の権限移譲

中間管理層も自発的なマネージメントをしない。たとえば、〈もんじゅ〉に一万点を超える点検漏れが発生した後の組織改革として発表された組織図（図２‐２）[注17]には、「重要事項については、理事長が指揮を執る」「もんじゅの運転、保守及び管理については、理事長が指揮を執る」「もんじゅにおける保安に係る業務については、理事長が指揮を執る」という注書きが記入された。もはや、全員がそれぞれの持ち場で責任をもって働く研究者集団ではなくなった。

事故があっても現場の第一発見者はだれも判断せず、事故が拡大していくのを傍観してよいというのであろうか。理事長の指示がなければ誰も動かなくてよいということを組織として認めてしまったようだ

⑧　「縦割り」「横積み」の伝言ゲーム

被ばくを最小にするためには、現場に滞在する人員を、その瞬間の作業に必要なものに限る、という原則を立てるのがもっとも合理的である。そのために、組織は機能別に縦割りにし、指揮命令系統は上下に細かく細分化し、とりわけ現場作業員はできる限り外注化するという「縦割り」「横積み」の研究組織を構成することになる。その結果、現場全体を系統的に観察して、肌感覚で把握する司令塔はいなくなる。全体を判断する人は下請け会社員やスタッフからの断片的報告をつなぎ合わせて総

注17　国立研究開発法人日本原子力研究開発機構　https://www.jaea.go.jp/about_JAEA/organization/sosiki.pdf

合的なイメージを作ることになる。いわゆる「伝言ゲーム」による情報に依拠せざるを得ない。それが平和時の原子力開発の実態ということになる。

当然ながら、原子力開発の初期に達成できなかった成果を上げることなど、望むべくもない。

3　高速増殖炉〈常陽〉の再稼働

(1)〈常陽〉の新規制基準適合性審査

日本原子力研究開発機構（JAEA）は二〇一七年三月三〇日に、〈常陽〉の新規制基準適合性審査を原子力規制委員会に申請した。〈常陽〉は現在停止中であるが、二〇二一年度までに再稼働を目指すという。(注18)
その適合性審査の第一回会合が二〇一七年四月二五日に開催された。その会合では、設備の容量の記載という基本的なところで記載が間違っていて、原子炉等規制法違反であるという重大な指摘がなされた旨、議事録に記載されている。(注19)もともと〈常陽〉は熱出力一四〇MWで設計建設された設備である。しかし、JAEAは、申請書に設備容量として一〇〇MWと記載して申請した。
JAEA「試験研究炉については、一〇〇MWまではUPZ（緊急時防護措置を準備する区域）(注20)五キロメートルという形になっておりまして、それ以上超えると軽水炉の（中略）三〇キロメートルという話になります。三〇キロメートルのＵＰＺに対応するというのは、それ相応の、地方自治体を含めて時間がかかります。我々としては、常陽を早期に再稼働して、照射試験に資する、原子炉の、高速炉の開発に資する形にしたいというようなところで、今回、出力を下げて早期再稼働を優先したというところになります」（中略）

規制委員会「いろんな諸元を見直して（一〇〇ＭＷに）なったということではなくて、単に運転上の管理の措置として、本来一四〇ＭＷの施設があるものを一〇〇ＭＷとして運転するんだということを示している、ということ（中略）ですね」

ＪＡＥＡ「そうです」（中略）

規制委員会「原子炉規制法でも（中略）熱出力というのは型式や基数とともに申請事項となっているんですね。それくらい重要なものとなっているんですね（中略）。それで我々としては、補正申請や再申請によりまして、出力と設備が整合的にしていただきたいと思っております」。

つまり、第一回の審査会合から、設備の容量記載が間違っているという基本的な指摘がなされたのである。

注18　「実験炉『常陽』、審査申請＝21年度までの再稼働目指す―原子力機構」時事ドットコムニュース、二〇一七年三月三〇日、http://www.jiji.com/jc/article?k=2017033001195&g=eqa

注19　「核燃料施設等の新規制基準適合性に係る審査会合　第一九七回」議事録、二〇一七年四月二五日、二六頁　https://www.nsr.go.jp/data/000189004.pdf

注20　「原子力防災」内閣府 http://www8.cao.go.jp/genshiryoku_bousai/faq/faq.html

(2) 研究所における被ばく事故

二〇一七年六月六日午前一一時一五分ごろに、〈常陽〉があるＪＡＥＡの大洗研究所の燃料研究棟の分析室でプルトニウムを含む放射性物質の飛散事故が発生し、作業員五人が内部被ばくし、五人の尿からプルトニウムが検出された。(注21) 被ばくした作業員は汚染した室内に三時間そのままとどまって、室外のメンバーが対応してくれるのを待っていたという。(注22) 続報では、ＪＡＥＡは一五日に、事故があった保管容器の点検作業の手順書を公開して、五人の作業に手順の逸脱はなかった、と説明した。(注23) 事故後五人は放射線医学研究所に入院して一三日にいったん退院していたが、一九日に再度入院した。(注24)

筆者の素朴な疑問は、当人たちがなぜすぐに粉塵が舞う室内から飛び出さなかったのかということである。これらの研究所では、作業員の安全を守るようにさまざまな規則が網の目のように緻密に規定されているのであろう。したがって、その瞬間の思い付きで動いてはいけなくて、非常時でも規則をまず調べて手順書に従わなければならないということになっているのであろう。その結果、汚染した室内に留まることの良否を自分の思考または直感でとっさに判断して、動物的に身を守るという本能も失っているのではないだろうか。また、周囲に同僚がいて上司がいたはずである。労働安全衛生法第二五条には、「事業者は、労働災害発生の急迫した危険があるときは、直ちに作業を中止し、労働者を作業場から退避させる等必要な措置を講じなければならない」と規定されている。労働者本人たちも管理者および同僚たちも、法律や動物的な感覚よりも組織の規則に身を任せるように習慣づけられていたのではないだろうか。

研究開発は、はつらつと五感を働かせて全人的な能力を発揮するのでなければよい成果や発見ができない性質の行為である。自発的な判断を放棄して、組織の規則に身を任せることが習慣づけられた人びとが果たして研究開発業務の場にふさわしいといえるであろうか。また、現場で働く人びとに対して、その作業に関連する臨機応変の判断を自発的に行うような権限移譲がなされていなければ、とっさの事故や臨機応変を要する業務に支障が出てくるであろう。もちろん、規則の重要性を認めないわけではない。しかし、研究開発という業務には、本来あらかじめ規則には規定できない行為がつきものではないだろうか。

筆者が大学に入学した直後、化学実験が毎週一回あった。白衣を着て硫酸をビーカーに注ぎながら、何かの反応を観察していたのであろう。気が付かないうちに硫酸の飛沫が飛散したらしい。その日は気が付かなかったが、翌日になって白衣の裾の方が黒焦げの穴だらけになっていることに気がついた。硫酸の水溶液のあいだは衣類を焦がすことはなかったが、水分が蒸発して濃縮するとともに繊維を焼く結果になったのであろう。そういうことは、後で気が付くことであって、実験に集中しているときは気が回らない。

注21　「微量プルトニウム　五人の尿から検出」『朝日新聞』二〇一七年六月二〇日
注22　「被ばくの五人、汚染室内に三時間　プルトニウム拡散防止で待機」『ＨＵＦＦＰＯＳＴ』二〇一七年六月九日　http://www.huffingtonpost.jp/2017/06/08/radiation-exposure_n_17007420.html
注23　「点検の手順書公開　原子力機構、袋破裂想定せず」『朝日新聞』二〇一七年六月一六日
注24　「原子力機構事故　被爆した作業員五人が再入院」『日本経済新聞』二〇一七年六月一九日　http://www.nikkei.com/article/DGXLASDG19H57_Z10C17A6CR0000/

表 2-4　過去の「常陽」関係専門委員会リスト

番号	委員会名称	委員
1	FBR 構造専門委員会	原研、大学、研究機関、メーカー
2	FBR ナトリウム技術専門委員会	原研、大学、研究機関、メーカー
3	FBR 核燃料専門委員会	原研、大学、研究機関、メーカー
4	FBR 材料専門委員会	原研、大学、研究機関、メーカー
5	FBR 計測制御専門委員会	原研、大学、研究機関、メーカー
6	FBR プラント専門委員会	原研、大学、研究機関、メーカー
7	FBR 炉心設計専門委員会	原研、大学、研究機関、メーカー
8	FBR 安全研究専門委員会	原研、大学、研究機関、メーカー
9	FBR「常陽」性能試験専門委員会	原研、大学、研究機関、メーカー

出典 :「高速実験炉『常陽』の開発及び運転の経緯」動力炉・核燃料開発事業団、表-2 から

何かの仕事に熱中しているときには身を守るなどの全方位的な注意力を求めるのは無理である。優れた科学者が考え事をしていて、あわや交通事故を起こしそうになったといったことはざらにある。将棋の藤井聡太四段も頭の中の将棋盤に没頭して、道端の溝に足を落としたという逸話があるそうだ。

(3) 〈常陽〉の高速増殖炉建設・実験期間

過去の〈常陽〉の開発期間の実績を見てみると、安全規制、被ばく規制、開発業務そのもののために長期間を費やしている。

予備設計：四年間（一九六四年～六七年）

概念設計、調整設計、建設、機器製作：七年間（一九六八年～七四年）

総合機能試験、性能試験：三年間（一九七五年～七八年一月）

ここまで、ざっと一四年間である。(注25)

高速増殖実験炉としての試験はここでいったん終わり、

その研究は〈もんじゅ〉に引き継いだ。以後、〈常陽〉は炉心を照射用炉心に交換して、二〇〇七年まで間欠的に燃料・材料などの照射試験を行っていた。

しかし、この一四年間の開発過程を示す工程表を見ると、いかにも長期間を費やしており、短期に集中して実験を急ぐという切迫感が見られない。「実験炉」というには、あまりにも間延びしていると思われる。〈もんじゅ〉に代わって今後、増殖炉開発に再利用されるというが、どのような展開になるのであろうか。

(4) 開発組織

① 専任組織が必要

強度の使命感を持つ専任の開発者集団でなければならない。あるいは、世俗的配慮からいっても、開発が成功しなければ給料が減額される、成功すればボーナスがもらえる、といった組織でなければ、上の空になる。

② 組織の実態

しかるに、組織の実態は表2-4のようになっており、意思決定の委員会も、実務担当者も、原研・大学・電力会社・メーカーの寄せ集め集団である。専任者は少なく、出向者は二〜三年で交代する。担当者は、このプロジェクトの成否で業績評価されるわけではない。

注25 動力炉・核燃料開発事業団「高速増殖炉『常陽』の開発及び運転の経緯」図―2 http://www.aec.go.jp/jicst/NC/senmon/old/koso/siryo/koso03/sun03.htm

4　マンハッタン計画に見る戦時原子力開発

現在日本で核燃料サイクルを確立することを目指して、六ヶ所再処理工場や高速増殖炉の開発を推し進めようとしている。環境は違うとはいえ、それらの計画は、第二次世界大戦中にアメリカに多数の科学者たちが結束し、自らの生命の危険をもかえりみずに働いたマンハッタン計画の成果の延長線上にあるプロジェクトである。費用も巨額であった。引き続き、短期間のうちに高速増殖炉が建設されたが、事故で廃止された。現在日本政府が推進しようとしている高速炉研究は、そういう過去の失敗を克服して成功することを目標に据えている。

目標が高ければ、過去の開発プロジェクトに投入された以上の人材、費用、労働強度が要求される。しかし、現実に日本で行われた過去の研究開発の実績は、前節でみたとおりで、マンハッタン計画やその直後の実用化の試みにとうてい及ばない。もちろん、研究といえども人間の生命を犠牲にすることは許されない。さまざまな規制を設けて労働者や周辺住民を守ることは当然である。しかし、研究という行為には、はずみで放射線をまき散らすことがつきものであるし、研究者が現場でつきっきりの被ばく労働を行うことも避けられない。つまり、平時の社会的条件と原子力開発は真っ向から対立するのであって、平時に原子力開発という行為は成り立たない。

念のために、本節ではマンハッタン計画がどんなものであったかを振り返ってみよう。

(1) マンハッタン計画における開発作業と被ばく

マンハッタン計画は、ノーベル賞級の科学者たちが命を賭して没頭した研究開発であった。単にアメリカの最高頭脳を結集したというにとどまらず、ヨーロッパからナチスやファシストの迫害を受けてアメリカに逃れた多数の指導的頭脳がアメリカに結集したのであった。一九四五年四月に秘密基地ロスアラモスに集まった代表的な科学者を列挙すると、ロバート・オッペンハイマー、エンリコ・フェルミ、ニールス・ボーア、ハンス・ベーテ、オットー・フリッシュ、ジェイムズ・チャドウィック、アーネスト・ローレンスらである。

これらの科学者のうち、被ばくがもとでがん死したと考えられる人は少なくない。シカゴ・パイルを作り、初めての臨界を実現したエンリコ・フェルミは五三歳で胃がんのために死亡した。リチャード・ファインマンは、一九七八年から八七年の間に腹部のがんで四回の手術を受けたのちに、六九歳で死亡した。ロバート・オッペンハイマーは六二歳で喉頭がんのために死亡した。(注26)

より直接的に、開発実験中に若くして死亡した優秀な研究者もいる。一九四五年八月、ロスアラモス研究所で、「デーモン・コア」と呼ばれる六・二キログラムのプルトニウムの塊の周囲に反射材の炭化タングステンのブロックを積み重ねて徐々に臨界に近づける実験を行っているとき、ハリー・ダ

注26　フェルミは、アラモゴードで行われた人類初の原発実験の直後に爆心近くまで行き、帰りに体調不良を感じた。オッペンハイマーも同様に爆心を見に行った。リチャード・ローズ、神沼・渋谷訳『原子爆弾の誕生』下、紀伊國屋書店、一九九五年、四七七頁および四六八頁。

リアンは手が滑ってブロックを誤ってプルトニウムの塊の上に落下させてしまった。即座に臨界に達して中性子線がダリアンを直撃した。ダリアンは二五日後に急性放射線障害のために死亡した。一九四六年六月、同じロスアラモス研究所で、ルイス・スローティンが球体状にして二分割したベリリウムの半球の間に「デーモン・コア」を挟み、半球の上半分と下半分の間にマイナスドライバーを挟み込み、手に持ったマイナスドライバーをぐらぐらさせて上半分の半球をコアに近づけたり離したりしながらシンチレーション検出器で相対的な比放射能を測るという実験を行った。ところが、スローティンの手が滑り、挟み込んだドライバーが外れて、二つの半球が完全にくっつき、臨界状態に達して大量の放射線が放出された。これに気づいたスローティンは慌てて半球の上部分を叩きのけて連鎖反応を止めた。かれは致死量の中性子線とガンマ線を浴びて九日後に死亡した。スローティンの間近にいた同僚のアルバン・グレイブスも中性子線の直撃を受けたが、中性子線がいくらかスローティンの体によって遮られ、数週間の入院後に退院できた。しかしその後二〇年間後遺症に苦しんだのち、心臓発作で死亡した。(注27)

ちなみに、リチャード・ファインマンがこの「デーモン・コア」に素手で触ったことを書いている。

僕は彼をある部屋に連れて行き、幅の狭い台の上にのった銀メッキの球体を見せた。手をのせてみると暖かい。放射能の暖かみだ。この球こそプルトニウムだった。ドアのところで僕らはこれを話題にしゃべっていた。これこそ人間の手で造られた新しい元素、おそらく地球の誕生直後のほんの短期間を除いては、今まで地球に存在したことのない元素なのだ。それがここにこうして隔離され、放射能を放ちながらその特性をちゃんと持って存在しているのだ。[注28]

黒鉛炉シカゴ・パイルを建設するときは、若い研究者たちが夜を徹して五〇トンのウランの周りに五〇〇トンの黒鉛ブロックを積み上げた。エンリコ・フェルミは、その原子炉のすぐそばのバルコニーに立って臨界試験の指揮を執った。彼はシカゴでも、ハンフォードでも、ロスアラモスにおいても常に開発現場の最前線に立ってきた。[注29]

彼らは自らの手で実験を行い、放射線被ばくを気にかけるよりは、仕事を遂行することに熱中したのであった。そして、開発課題が困難であればあるほど、現場業務と開発の頭脳とを分けることができない性質を持っている。いわば、マンハッタン計画は、彼らの命と引き換えに遂行されたのである。

(2) アメリカの高速増殖炉の顛末

アメリカにおける高速増殖炉は、マンハッタン計画の成果として、アイダホ州国立原子炉試験場の

注27　Wikipedia「デーモン・コア」https://ja.wikipedia.org/wiki/%E3%83%87%E3%83%BC%E3%83%A2%E3%83%B3%E3%83%BB%E3%82%B3%E3%82%A2
注28　R・P・ファインマン、大貫妙子訳『御冗談でしょう、ファインマンさん』(上)、岩波現代文庫、二〇〇〇年、二三一頁
注29　ステファーヌ・グルーエフ、中村誠太郎訳『マンハッタン計画』早川書房、一九六七年、一一四頁

ＥＢＲ‐１(注30)が一九五一年に発電を開始し、五五年に炉心溶融事故を起こして廃炉となった。(注31)

次いで、デトロイト郊外に建設されたエンリコ・フェルミ炉は、六三年に初臨界を迎えたが、さまざまなトラブルで運転を継続できず、六六年に出力上昇試験を行っている過程で燃料溶融事故が発生した。その事故処理を終えて、七〇年に運転再開を準備している過程で約九〇キログラムの放射化ナトリウムがパイプから噴出し、水が掛かって炎上、爆発した。その結果、この炉は累計で三〇日しか運転できなかった。そして、七三年に廃止が決まった。(注32)

(3) 担当開発者にとっての仕事の価値

高速増殖炉を今日新たに開発するという業務は、マンハッタン計画に集った優れた人材の業績を凌駕し、過去の試験炉の失敗を克服して成功に導くという課題達成を意味する。

マンハッタン計画を指導したロバート・オッペンハイマーは同計画に参加した若いスタッフたちの意気込みをこう書いている。

ほとんどすべての人びとが、事業の偉大さを悟っていました。ほとんどすべての人びとは、もしこの事業が成功裡に十分早く完成されるならば、戦争の結果を決定するかも知れないことを知っていました。そして、ほとんどすべての人びとが、科学の基本的な知識と技術とを国家の利益のために役立てるまたとない機会であることを知っていました。さらにまた、ほとんどすべての人びとは、もしこの事業が完成されるならば、それは歴史の一部となることを知っていました。

この感激と献身と愛国的な精神とがついに勝利を得たのであります。私が話し合った人々のほとんどがロス・アラモスへやってきました。彼らがひとたび来れば、事業の技術的現状をさらに学ぶにつれて、この事業に対する信頼が高まりました。そして、研究所の規模は完成までには倍増され、さらに幾回となく倍増されていったのですが、ひとたび動きはじめるや事業は成功への途を進んだのであります。(注33)

(4)　平時の原子力開発は可能か

ここまで、日本国内で行われつつある原子力開発のプロジェクトとアメリカの戦時におけるマンハッタン計画を比較して述べた。念のためにお断りすると、筆者はマンハッタン計画で多くの優れた従事者たちが結局放射線によると思われるがんを発病して早世したことを賛美しているのではない。そのような自殺行為を止めるべきであるし、そういう制限を考えると、日本においてもヨーロッパにおいても、高速増殖炉のような開発は人道上廃止すべきだと考えるものである。

ここでもう一度、被ばく労働という観点から研究現場の状況をまとめてみたい。典型的には、表2-5のようになる。

注30　「EBR」とは「Experimental Breeder Reactor No.1」の略で、世界初の原子力発電を行った原子炉というだけでなく、世界初の高速増殖炉でもあり、世界初のプルトニウムを燃料とした原子炉でもあった。
注31　西尾漠『原子力・核・放射線事故の世界史』七つ森書館、二〇一五年、一四頁
注32　西尾、前掲書、四四頁
注33　R・オッペンハイマー、美作・矢島訳『原子力は誰のものか』中公文庫、二〇〇二年、一六一頁

表 2-5　開発プロジェクトにおける被ばくレベルの構成

	日本の開発プロジェクト		マンハッタン計画	
	スタッフの所属	被ばく程度	スタッフの所属	被ばく程度
リーダー格	大学・研究所	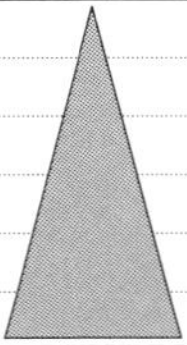	プロジェクトの研究所	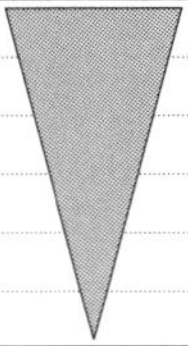
	エンジニアリング会社			
中堅	連合組合員		アシスタント	
	研究所・企業組合員			
現場労働者	管理労働者		管理労働者	
	下請け労働者		一般労働者	

すなわち、その職場に長年勤務し続けなければならない人たちは、一時に年間被ばく限度量あるいは生涯被ばく限度量を浴びることができない。したがって、一日当たりの現場作業時間を制限するなどの枠組みを作って、その中で働くことになる。一つの仕事を完遂させるための所要時間が一定とすれば、その仕事に費やす期間が長くなる。そして、日本では組合組織に属する中堅職員たちは、電力総連のように、自分たちの被ばく量を制限するために、急激な被ばくを要する労働は下請け化するように要求し、距離を置くようにしている。これらの事情は、必然的にプロジェクト継続期間を長びかせる結果となる。マンハッタン計画では、リーダー格の人材が自ら被ばく労働を負担して、開発作業効率を高めたのであるが、日本の研究機関の職場においては、一種のヒエラルキー構造になっていて、中心的な理論家が現場で率先して働くことは期待できない（表２-５の三角形はそのことを表現する）。そのために、開発期間が何十年ということになり、各個人の就労年限を超えてしまう。

そして大まかには、欧米においても日本においても、高速増殖炉の開発ではほとんど同じようなところまで進んで停滞しているように見える。つまり、実験炉で反応を起こさせることはできたけれども、生産炉として長期間安定して運転を継続できる装置を完成できないのである。高速増殖炉は原発よりはるかに危険な装置であるから、過酷事故の発生確率が一〇万年に一度といった規制要件は厳密に遵守しなければならない。すでに四〇〇基の実績がある原発でさえも五基のメルトダウンを発生させているのであるから、そのハードルはとてつもなく高い。そして、めざす成果はとうてい見合わない。

そういう状況の中で、判断の速い国では開発中止の決定をすでに下しており、現状脱却ができない国では開発継続に固執しているのが現状である。

5　原子力プラントの本質

原発は、原子炉内で核分裂反応による発熱を行わせ、その熱で水蒸気を発生させ、発電用タービンを回転させるというシステムである。技術の系譜からいえば、石油、石炭などを燃焼して水蒸気を発生させる火力発電所が第二次世界大戦以前にあり、戦争中に原爆を開発した成果を民間産業設備に応用する目的で、ボイラを原子炉に置き換えたものである。したがって、タービン建屋に収容されている蒸気タービンや発電機は、従来の設計をほぼそのまま引き継いでいる。蒸気源を供給する水処理設備（工業用水から鉱物質を取り除く）や、復水器なども同様である。大きく違うのは、ボイラと原子炉であり、火力発電所の敷地の中には大きな面積を占める燃料貯槽（石炭、石油、ＬＮＧなどの燃料が大量に貯蔵される必要がある）である。原子炉は、一年間以上、燃料の補充や交換の必要がなく、燃料の体積も小さいので、プラント内の面積に占める燃料設備の割合は小さい。

以下に、原発と火力発電プラントの相違を見ていくが、原発の顕著な特性は、核反応のエネルギー密度が格段に高いことと、付随して発生する放射能が人間の生命を脅かす危険をもっているということに尽きるといえよう。

(1) 核反応と化学反応のエネルギー密度

ボイラの発熱原理は炭化水素と酸素の化学反応(燃焼)であるのに対し、原子炉はウラン235を主とする核分裂である。その容積あたりの発熱密度はボイラと原子炉圧力容器の容積当たりで比較すると、おおよそ次のとおりである。(注34)

火力発電用ボイラ(微粉炭燃焼・水冷壁)	五〇〇 kW/立方メートル
沸騰水型原子炉(BWR)	五〇〇〇〇 kW/立方メートル
加圧水型原子炉(PWR)	一〇〇〇〇〇 kW/立方メートル

つまり、設備内発熱密度が二〜三桁原子炉の方が大きい。

そのため、圧力容器の機械的設計においては、従来化学プラントで積み重ねて来た強度計算手法に大きな熱応力を加味しなければならない。また運転上、始動、停止に際しての単位時間の熱変動が大きくなるので、制御システムに要求される追随速度が高くなり、運転者の判断速度も高いことが要求される。

(2) 爆弾とプラントの違い

ＢＷＲでは通常、装荷された燃料集合体の約四分の一が定期点検ごとに新燃料に取り換えられる。(注35) つまり、核燃料集合体は約四年間使用される。つまり、ある時点の原子炉の中には、平均およそ二年間定格出力を維持するだけの燃料が保持されている。それらがもし短時間に可能な限りのエネルギー放出を行ったら、巨大な爆発エネルギーを放出する原子爆弾になる。他方、炭化水素を燃料とするボイラは、その瞬間に必要な燃料だけが燃焼炉内に供給され、そのほかの燃料は炉外の燃料貯槽の中に蓄えられている。炉内に供給された燃料はほぼ一〇〇％酸化反応が行われて、燃焼が完了する。原子炉内の核反応は抑制された状態で徐々に発熱するように制御される。しかし、その制御が狂うと予定外の大量発熱が起きる。

また、通常運転時の核反応は制御棒挿入によって停止することができるが、それによって完全に核反応が停止するわけではなく、比率としては小さくても崩壊熱が発生し続け、さらに核分裂に伴う放射能が何万年という長期間にわたって継続する。そのために、燃えがらを人間の生活圏に放置することはできない。

注34　千葉幸『火力発電所』電気書院、一九七三年、一五三頁
岡芳明『原子炉設計』オーム社、二〇一〇年、一一〇頁
神田誠、ほか『原子力プラント設計』オーム社、二〇〇九年、二六および一〇九頁
注35　岡芳明『原子炉設計』オーム社、二〇一〇年、一四七頁

原子爆弾は敵地を汚染し、長期間にわたって被爆者を苦しめるが、それは爆弾を使用する状況においては顧慮してこなかった。(注36) 発電用原子炉は、何らかの制御不良が発生して放射能が炉外に飛散する事態に至ると、広範囲の周辺地域を居住不能にしてしまう。したがって、安定した社会のユーティリティー設備としては、過酷事故発生確率を一万年に一度(既設原発の場合)、または一〇万年に一度(新設原発の場合)という目標が唱えられている。そして、実績ではそれほど安定した装置は実現していないし、原子力工学の専門家も「リスクがゼロになることはあり得ない」という言葉で、その実現性を否定している。(注37)

では、爆弾として製造したものの信頼性はどの程度あればよいのであろうか。核爆弾の総数は現在世界中で約一万八〇〇〇発あるという。(注38) その技術的信頼性が仮に一〇分の一で、一〇発のうちの九発が不発であったとしても、戦争中の爆撃目的には何ら支障はない。

原発プラントが開発された動機は、先に原子爆弾の開発があり、巨大なエネルギー源を人類が手中にしたという事実に目を奪われて、それを民生用に転用できると考えたことによる。しかし、その用途に求められる技術上の信頼性が一万ないし一〇万分の一であることを認識し、それが確実に実現できるか否かを、当時は考えられなかったであろう。そして様々な試行錯誤があったことはすでに見てきたとおりである。

現在は、原発事業を推進する人たちも、必要な技術上の信頼性が達成不可能であることを認識した上で、受益者ではない一般市民に対しても原発事故に被災するリスクを受忍するように強制している。これが現在の日本社会を覆っている大きな暗雲の一つである。

(3) 原発プラントのアクセシビリティ

以下に原子力プラントと、一般の化学プラントや火力発電プラントとの実用上の相違点を列記する。

原子力プラントであれ、一般のプラントであれ、プラントは一品料理で作るものであって、一気に欠陥のない完成品を作ることはできない。大量生産の工業製品でさえ、毎年改良型が発売される。また、毎年何百万台と生産している自動車のような規格生産品でも、ときにはリコールが必要になる。したがって、プラント建設時の完成度は一〇〇%とは言い難く、いったん稼動を開始した後にどのような改善がなされるかによって、プラントの完成度が変わってくる。

一般のプラントでは、毎年または二年に一度の定期点検修理で、気がついた不具合箇所を徹底的に直しながら、三〇年~四〇年の運転を継続している。設計変更して作り直す部分もあるし、腐食や減耗しているものもある。したがって、配管を切り取り更新するとか、機器に修正を加えるなどは、珍しいことではない。部分的に機器や配管を入れ替えて、プラント能力の増強を行うことも頻繁に行われる。

注36　核兵器廃絶条約ではそれも禁止することが目的になっているが、ここでは歴史的事実を論議する。
注37　原発推進側の専門家がしばしば言ってきたゼロリスク批判論。たとえば、神奈川被災者訴訟における岡本孝司意見書（丙B第四一号証）一二頁には次の記載がある。「原子力に限らず、工学の分野では、全知全能の神が物を作るのではなく、人間が物を作って運用するわけですから、そのリスクがゼロになることはあり得ず、常に壊れる可能性や事故が起こる可能性があり、一〇〇パーセントの絶対安全というものはありません」
注38　「オバマ大統領広島訪問へ」『朝日新聞』二〇一六年五月二四日

他方、原子力プラントの場合は、一度、核分裂反応を行わせると放射能を帯びるので、容易に近づけない。近づくことができたとしても一時間とか一〇分とかの時間制限を設けなければならない。

一般に、不具合箇所が発生した場合、設計変更や部品交換が必要な個所を突き止めるには、設計や施工の専門家が、不具合箇所を目で見、聴音し、撫でたり摩ったり、ノギスで測ったりしながら、現場で考え、装置に肉体を接触させながら長時間の診断を行う。しかるに原発の場合は、繰り返しその場に立ち会う必要のあるベテランは長時間現場に立つことができない。そうすると、もっとも現場に身近に接触できる者は交代可能な労働者ということになる。熟練の専門家は指図するだけで、自分の目で確かめられないということになる。福島原発事故の際に、汚染水が「原子炉建屋の地下室に溜まっているらしい」と推測されるようになってから、現場では作業員に「水位がどこまで来ているか見てこい」といったというニュースがあった。また、一号機建屋が水素爆発によって破壊されたとき、吉田所長自身は高放射線被曝を避けるために免震重要棟から出ることができなくて、部下に現場視察を命じて間接的に状況を確認したと言っている(注39)。イの一番に判断者が自分の目で確かめるという行為がなされないのであれば、それ以降の作業の確度は低くならざるをえない。

二〇一三年八月から一〇月にかけて、福島事故サイトで放射能汚染水漏れのニュースが相次いだ。ほとんどは単純な作業ミスによるものであった(注40)。通常の石油プラントや化学プラントを建設して運転を始める時にはラインチェックを行う。一回目は建設側設計責任者（受注者側）が行い、二回目は運転責任者（発注者側）が行う。その上で、実液を流し始める。現場担当者が間違う場合もあり、時には設計者でも間違うという前提のもとに二重三重のチェックがなされる。放射線被ばく制限時間のために、そのような手続きを取ることができないプラントというのは、最初から間違いの頻度が高いものと認識しなければならない。

(4)　格納容器をめぐる矛盾

設備の不調や配管の破断などで原子炉圧力容器への冷却水供給が止まったり、水位が下がったりした場合にはＥＣＣＳ（非常時炉心冷却装置）によって冷却水を供給するシステムになっている。しかし、福島事故のようにＥＣＣＳが機能せず、さらに外部から冷却水が入らないと、冷却水の水位が降下して核燃料が露出して空焚きになってしまう。事故が発生した場合に、放射能を外部に出さないために原子炉格納容器があるが、その設計条件（圧力、温度等）は、配管破断が起きてもＥＣＣＳが正常に働くことが前提である。原子炉が冷却できず空焚きになる状態では、もはや格納容器の圧力、温度は設計条件を超えてしまい、放置すると格納容器が破壊されてしまう。福島事故の際に、菅首相（当時）が三月一二日の朝に現場へ乗り込み、吉田所長が「ベントはやります。決死隊を作ってでもやります」と言ったのは、格納容器が破壊されないように格納容器からガス抜きをするためであった。(注41)

しかし、格納容器は、事故時に放射能の外部放出を食い止める最後の砦である。格納容器の破損を避けるためとは言え、格納容器ベントをすることは結果として放射能を撒き散らすことになる。福島

注39　「吉田調書」七月二二日および七月二九日。
注40　「単純ミス　二週間で五回、汚染水漏れ　六人被ばく」『東京新聞』二〇一三年一〇月一〇日
注41　宮崎・木村・小林『福島原発事故タイムライン二〇一一‐二〇一二』岩波書店、二〇一三年、三〇頁

事故が明らかにしたことは、どんな設備上の防御策に対しても、それを超える現象はいずれ起こるということである。原子力規制委員会は格納容器密封の不可能を認め、格納容器のベントラインの途中に放射性物質を捕捉するための「ベントフィルタ」の設置を義務付けることにした。しかし、「ベントフィルタ」も複雑な構造で確実に機能する保証はない。(注42)現実の設備には、設計条件を超えた事故がつきものなのである。

(5) 放射性廃棄物

通常の原発運転に伴う放射性廃棄物として、使用済み核燃料を再処理した後の「高レベル廃棄物」の処理が、どの国でも問題になっている。そして、先進ケースとしてフィンランドでは地下五二〇メートルの花崗岩盤内に保管する作業を行っている。一〇〇年後の二一二〇年に埋没処理される予定であるが、果たして一〇万年後にはどうなるだろうかと議論されている。日本では原子力発電環境整備機構（NUMO）が「地層処分」の適地を選定するとしているが、この列島に一〇万年といった長期の安定を期待できる地層は考えられない。(注43)

それに次ぐ問題として、使用済み核燃料の再処理および高速増殖炉を中心とする核燃料サイクルの蹉跌によって、使用済み核燃料を乾式貯蔵することが検討されるようになった。

それに加えて、福島原発事故の発生による事故廃棄物が圧倒的な廃棄量をもたらした。サイト内の核燃料デブリ、使用済み核燃料はもとより、瓦礫や汚染した設備、水処理二次廃棄物、サイト外に放出された放射能、除染廃棄物、汚染水処理後のトリチウム水などである。

サイトの外では、八〇〇〇ベクレル／kg超の「指定廃棄物」が、一二都県で合計約一六万トンと推定されている。福島県では、さらに県内で発生する除染廃棄物などを焼却減容したものを加えて一六〇〇〜二二〇〇万立方メートルと推定している。(注44)

実際に福島県の浜通りを通り過ぎると至るところに積み上げられたコンテナバッグの山に圧倒される。このような環境は事故以前には誰も想像もできなかったであろう。

原子力技術は、さまざまな側面で、人類が五感をもって経験し、判断してきたものをはるかに凌駕した現象を呈している。われわれの日常に隣接して運用する産業としては、あまりに危険と言わねばならない。

注42　東京電力は柏崎刈羽原発に、フィルタベント設備を追加したが、それをバイパスして格納容器から直接大気へ放出する「耐圧強化ベント」の配管を残している。東京電力「フィルタベント設備について」二〇一五年五月二七日、二頁　http://www.pref.niigata.lg.jp/HTML_Article/599/793/No.23,1.pdf

注43　土井和巳『日本列島では原発も「地層処分」も不可能という地質学的根拠』合同出版、二〇一四年

注44　原子力市民委員会特別レポート２「核廃棄物管理・処分政策のあり方」二八頁　http://www.meti.go.jp/earthquake/nuclear/pdf/130627/130627_01d.pdf

第３章　遺伝子を痛める産業

1　逃げてはいけない被ばく労働者

二〇一一年三月一一日に起きた東日本大震災に伴う東京電力福島原発事故に際して、時の首相菅直人氏は、多数の人命を救うために少数の運転員に死の危険を伴う業務遂行を要求した。それはいわば軍事指揮官としての決断であった。原発はその種の軍事的運営を必然的に要求する性格のものである。発電用原子炉の出自が原子爆弾と原子力潜水艦用エンジンであることは従来から論じられてきたが、運転における軍事的性格は福島事故を契機に初めて私たちの眼前に明確に示された。

(1)　ベントの諦めと原発放棄

地震と津波を契機に原発が全交流電源喪失状態に陥り、原子炉圧力容器内の燃料の冷却ができなくなった。このままではベントが必要になるということを専門家から政治家に伝えられたのは一一日午後九時頃であったという。(注1)一二日午前〇時六分、福島第一原発の吉田所長は一号機のベント実施を指示した。格納容器の圧力が、設計圧力四二七キロパスカルを大きく上回っている可能性があった。この時点で、東電本社も官邸の政治家たちも午前三時頃にベントを行うという認識であった。しかし、午前四時半に、ベントを要する一号機周辺の放射線量が高くなって作業員が近づけない、という報告が政治家たちになされた。(注2)菅首相はその朝七時過ぎにヘリコプターで福島第一へ乗り込み、「（ベントを）早くやってくれ！」といい、吉田所長は「ベントはやります。決死隊を作ってでもやります」と答えた。

現場では、バルブを手動で開けるために二人ひと組の三班体制を組んだ。第一班は一二日午前九時四分に出発し、予定通り弁を二五％開けて帰ってきた。第二班は、現場に向かう途中線量計が警報音を発し、九〇ミリシーベルト超を示したので引き返した。三班目は、現場に行くこと自体を断念した。（注3）つまり、東電の従業員たちには、原発の爆発防止と自分たちの命を天秤にかけるという発想がなかった。それは、民間企業の従業員として当然とも言える。

一号機が爆発したのは一二日一五時三六分、三号機が爆発したのは一四日一一時ごろであった。東電社内では一四日の朝から撤退の議論がなされ、清水社長から閣僚たちへ申し入れが試みられた。一回目は一四日の夜七時ごろからで、清水社長が海江田通産相に携帯電話で連絡を試みた。二回目は同日深夜日付が変わる頃、二号機の原子炉内の水位が下がり、格納容器の圧力が設計限界を超え、弁操作も失敗した頃であった。（注4）

一回目の撤退申し入れの電話に、海江田大臣は「残っていただきたい」と応えた。二回目の撤退申し入れは海江田、枝野、細野の各閣僚たちがそれぞれ断ったが、最終的に菅首相が「撤退なんてありえない」と決断し、「撤退を食い止めるためには東電に乗り込むしかない」と官邸の意見が一致した

注1　木村英昭『官邸の一〇〇時間』岩波書店、二〇一二年、四五頁
注2　木村英明、前掲書、八四頁
注3　木村英明、前掲書、九七頁
注4　木村英明、前掲書、二一三頁

（一五日午前三時過ぎ）。

一方、現場では地震発生時に六〇〇〇人超、一四日夜でも七二〇人ほどいた人員を約七〇人だけ残して六五〇人を福島第二原発へ退去させてしまった。東電は事故への対処を諦めて、原発を放棄したのである。

（2）死を伴う事故

高線量を理由にベントを諦めて爆発を受容しようという態度、原子炉の冷却手段がなくなったから原発を放棄して、爆発と放射性物質の飛散があろうともあとは成り行きに任せようという態度は、原発という技術体系を指揮、運転していく際に許されることであろうか。一般市民の中から千人単位あるいは万人単位の死者を出す事態を防ぐために、数十人あるいは数百人の関係者の生命を犠牲にするという前提が必要ではないのか――。これが原発の本質である。つまり、一般の生産設備とは違って、原発の場合は、設備の放棄かつ労働者の退避は最適解ではない。一般生産設備と原発では求められる業務の責任範囲が違っている。この判断基準の相違を認識しないために多くの議論が混迷してきた。吉田所長以下の現場スタッフはよくやった、という評価が少なくないが、(注5) それは、一般生産設備の従業員としての見方である。原発の判断基準で見ると、死者を出してもベント作業を完遂しなければならなかったのではないか。

原発で働く人びとの労働契約は、軍人、警察官、消防士などのように、職務遂行のためには生命を危険に晒すということを前提にしていない。(注6) そのために、東電の経営者も労働者も原発を放棄して自分たちの命を救うことが当然だというスタンダードで考えている。

原発運用主体の組織がこのような心的態度であるなら、彼らに原発運転の資格があるだろうか。市民は、彼らに運転を任せられるだろうか。さらに、運転を任せるに適した組織体がこの日本社会に存在するだろうか。存在しないなら、日本に原発を設置することを許してはならないのではないか。

事故時の危険な職務を誰が負うのか。原発の従業員か、自衛隊か消防隊員か。また、危険な仕事を命令するのは、電力会社の経営者か、政府なのか。こういう問題は、あらかじめ決められていなかったし、現在再稼働に向けて進行中の規制審査でも、過酷事故時の労働契約が論議されていない。すなわち、「安全神話」が原発の飛びぬけた危険性を一般生産設備並みの危険性として過小評価する役割を果たしてきた。

あらかじめそのような規定がなく、「想定外」という言い訳がなされたところに、原発事故が実際に発生し、その必要が突然現出した。その備えのない事業者の態度は「無責任」としか言いようがない。

(3)〈説得〉による被ばく労働

福島の事故現場におけるもう少し具体的な事例を見ていこう。

注5　たとえば、門田隆将『死の淵を見た男』PHP、二〇一二年

注6　実際に福島事故の際に、消防車を動かせる人がいない、いわき市に設けた物資の集積所（小名浜コールセンター）から原発まで物資を運ぶ運転手がいない、という事態が生じて、事故対応に大きな支障をきたしたことが、当時のテレビ会議の記録から伺える。『検証東電テレビ会議』朝日新聞社、二〇一二年

東電の本店と現場で交わされたテレビ会議の模様が不完全ながら公開されて、次のような事実が分かっている。

三月一三日朝、東電テレビ会議の議論は、原子炉へ注水するために、消防車を運転する東電の子会社「南明興産」と「南双サービス」の運転手を手配することに集中していた。消防車自体は関東地方や広野火力発電所などの東電事業所から回送したのがあるし、地元消防署のものもあるが、みな放射線を気にして現場へ入ろうとしない。やっと入ってくれた南明興産の社員三名は、三号機の爆発で負傷し、免震重要棟に引き上げねばならなかった（この時、東電社員四名も負傷。一二日の一号機爆発の時も南明興産の社員二名が負傷している）。南明興産側は、当初「火災の消火は契約に入っているが、原子炉注水作業のような放射線量の高い現場での労働は契約に入っていない」と言って断っていたが、東電の強引な〝説得〟によって、しぶしぶこの作業に従事した。(注7)

かねてからの契約条項にはなかった危険な作業に、情に絡んだ、あるいは会社間の力関係に物を言わせたパワーハラスメント的説得が行われて、「子会社」の経営者が渋々従った様子が透けて見える。個々の労働者にとっては、たとえ社会的な必要があろうと、自分の意思に背いて危険な被ばく労働に従事することは、私たちが日常当然の前提としている「憲法第一三条の基本的人権」（生命、自由及び幸福追求に対する国民の権利については、……最大の尊重を必要とする）に違反している。そのことを曖昧にしたまま、深刻な事態に直面して、成り行きから〈説得〉に及んだのが今回の実態である。

(4) 労働者を保護する法秩序

核物質を扱う施設が過酷事故に陥った場合には、その現場に残って作業する人々は致死量の被ばくを覚悟しなければならない。そのような労働を要求したり、あるいは仮にも労働契約を結んだりすることは現実的に可能であろうか。それは労働基準法第五条、労働安全衛生法第二〇条、二二条、二五条、二七条、二九条などに違反すると考えられる。労働安全衛生法第二五条には「事業者は、労働災害発生の急迫した危険があるときは、直ちに作業を中止し、労働者を作業場から退避させる等必要な措置を講じなければならない」と規定されており、それを補完する通達（昭四七年九月一八日、基発第六〇二号）には「本条は事業者の義務として、災害発生の緊急時において、労働者を退避させるべきことを規定したものであるが、客観的に労働災害の発生が差し迫っているときには、事業者の措置を待つまでもなく、労働者は、緊急避難のため、その自主的判断によって当然その作業場から退避できることは、法の規定をまつまでもないこと」と記載されている。

つまり、過酷事故の対処は、もはや正常な労働契約になじまないものであって、原子炉施設は正常な産業施設として運営することが不可能なものである。

テロ行為による原子炉の破壊を防御したり、その結果発生する火災を消火したりするには、放射能を含むプルームが覆う環境で、生命の危険を冒して被ばく労働を行うことを想定しなければならない

注7　『検証東電テレビ会議』朝日新聞社、二〇一二年、六二一～六六頁

（第6章3(3)参照）。故意の航空機衝突や武力攻撃を意図して突入する相手は生命を賭して襲撃してくるのであり、それに対抗する作業は、現状の民間会社の労働契約の枠組みの中でなされうるものではない。

2　被ばく現場の労働疎外

(1)　被ばく現場で失われる充実感、達成感

二〇一三年に入ってから汚染水に係わるトラブルが相次いだ。たとえば、地下貯水槽が水漏れによって使用不能になり、ネズミが配電盤に入って原子炉内循環冷却水ポンプが停止した(注8)。

そして地元漁協との汚染水放出交渉も理解を得られないまま、安倍首相はオリンピック招致演説で「状況はコントロールされていることを保証する」と請け合った。その後にも表3-1のようなトラブルが相次いだ。現場労働者たちの置かれている環境に本質的な無理があるのではないかと思われる。もっとも気になるのは、被ばく制限のために現場に留まる時間が二〇分とか三〇分に限られていて、一つの仕事を作業員が入れ替わり立ち替わり交代しなければならないことである。これでは引き継ぎもままならないであろう。その対極的な情況を描いた文章がある。

私の知っている庭職人に、時間払いではなく、一仕事に賃金をもらう人がありました。この人

表 3-1　2013 年秋の汚染水トラブル

発生日	トラブル	原因
9 月 27 日	処理水の新しい除染装置が停止	事前作業の用具を回収し忘れ、配管に詰まる
10 月 1 日	小型タンクから汚れた雨水があふれる	ホースのつなぎ替えを知らずに水を移送
10 月 2 日	ボルト締め型タンクから処理水があふれる	傾いたタンクへの雨水の入れすぎ
10 月 7 日	1 号機の原子炉への注水ポンプが停止	電源盤の停止ボタンを誤って押す
10 月 9 日	処理水の塩分除去装置で水漏れ、作業員が被ばく	配管を間違えて外す

が半日がかりでした仕事を、それも庭石をほんの二三寸動かすだけのことでまたやり直しをいたしました。でも、気に入ったところへ石を据えると、汗をふきふき、その傍らに腰を下ろし、お金にもならない時間を空費することなど、気にもとめず、庭石を眺めながら、煙草をふかしているのですが、その顔には、喜びと満足の色があふれているのでした。

この年老いた職人のことを思い出しますと、自分の芸術を誇り得る喜びを捨てて、何の価値があろうかと思ったことでありました。私は庭師から職人、教師、政治家のことへと思い及びました。……誇りをきずつけるということ、努力の結果として到達し得た最高、最善なるものをも支え得なくなるということは、個人にとっても国家にとっても、その精神の発達を死に導くものでございます。(注9)

注8　『毎日新聞』二〇一三年一〇月一〇日
注9　杉本鉞子、大岩美代訳『武士の娘』ちくま文庫、一九九四年、二三七頁

図 3-1　PDCA サイクルのモデル図

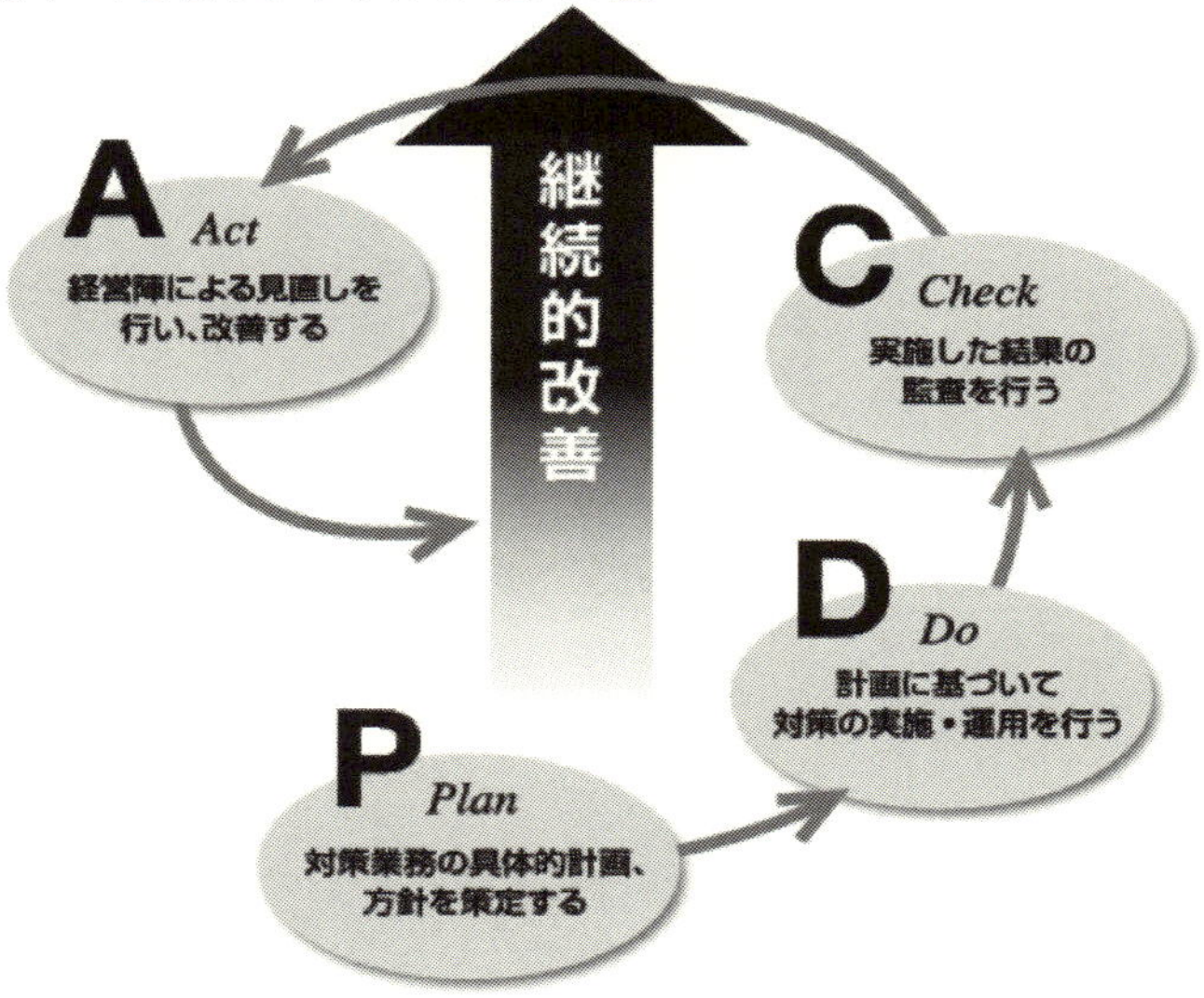

出典：原子力市民委員会。『原発ゼロ社会への道』89 頁

明治の初めに生まれたこの炯眼の女性は、ＰＤＣＡ（計画・実施・監査・改善）サイクルという二一世紀の工業界の「品質マネジメントシステム」（ＩＳＯ９００１-２００８）の要諦をほとんど漏れなく言い当てている。およそ仕事をする者にとって、地位の高低、取り組む仕事の大小にかかわらず、これが人間の仕事の本質だと改めて認識させられる。

　今日、産業規模が大きくなるとともに各機能が分業化され、作業者の意識も分断される傾向にある。しかし、ひとりの労働者あるいは技術者の立場からすると、自分の持ち場以外の機能が他人事になってしまい、一貫したＰＤＣＡサイクルが保持できなくなっていることは、仕事に対する意気込みを著しく損なう結果になる。その上に、被ばく労働現場では滞在時間を制限されて、作業分担範囲が細切れに分断されてしまう。結果として作業者は統合的な達成感や充実感を持つことができず、奴隷労働に近い精神状態に追い込まれてしまう。このことは、現場作業員であろうと、技術管理や開発・工夫を目指す技術者であろうと共通である。さらに多重下請け構造が形成されて、指示の発信者から作業者までの階層が多重化されて伝言ゲームのようになってしまうと、意思伝達が希薄になり、計画から実行、チェック、修正といった作業プロセス全体を統合的に視野に収めている人がどこにもいないという結果になる。

このＰＤＣＡサイクルの分断は、作業品質を損なうだけではなく、どの段階の人にも納得感、充実感を失わせて、士気を喪失させ、投げやりにさせてしまう。これが、ケアレス・ミス頻発の根源ではないだろうか。

(2)　熟練労働者の不足

現場労働者であれ、技術者であれ、人はその職場で業務を積み重ねることによって成長する。とりわけトラブル、すなわち「想定外の事態」に対処するほど腕の良いベテランに成長していく。しかし、被ばく労働現場はそういう機会を与えない。年間被ばく量を制限する必要があるので、熱心に現場に執着する熟練労働者ほど早々に退場するという皮肉な結果に至る。

その補充の雇用方法が個人ベースの一本釣りであったり、大都市の寄せ場での人集めであったりとも言われている。結果として多層の下請雇用形態になり、七次、八次はざらであるという。しかも、現場における被ばく管理のずさんさがたびたび指摘されている。

つまり、職場内でじっくり成長を待ちながらベテランを育てる環境からはほど遠い。その結果、多機能をこなせる労働者・技術者がもっとも必要とされるはずの不定形な作業現場に、はじめから分断を当たり前として、品質を省みない人員の投入が行われるという現実になっている。労働者の募集を安直な方法に任せている限り、真に必要な人材の充当と組織構築はできない。

(3) 被ばく労働者に対する放射線労働災害補償

事故当初の緊急時被ばく労働を担った福島第一プラントに詳しい熟練労働者たちは、従事者登録を解除されているという。事故以来ずっとこの現場で働いてきた作業者の記録『福島第一原発作業日記』に次の一節がある。

結局、国も東電も、いっぱい被曝して死ぬ思いで頑張って来た人を知らぬ存ぜぬで通すんだ。だから、これからはメーカー社員や東電グループ会社以外のそれ（設備）を知っている技術者や作業員は、1Fにはなかなか来ないと思うんだ。これから先の建屋内の作業は何をするにしても今まで以上に被曝するからね。

ベテラン技術者や作業員の多くは、下請けにもたくさんいるんだ。五年間の補償もなく、使い捨てがわかってて1Fにベテラン原発技術者や作業員が集まると思えないんだ。そうなると作業の効率や精度、工程の進捗にかなりの影響が出ると思うんだけど。オイラはいち早く今のうちに技術や1F知識の継承を始めないとダメだと思うよ。（注10）

この本は、通常の現場労働者の傷害に対する労働災害保険はあっても、被ばく労働に起因する後遺症（一〇年とか二〇年後に発症する放射性障害）に対しては何ら補償がないことを示している。そして、健康管理として数カ月に一度のホールボディカウンターによる検診と、賃金と同時に支払われる「危険手当」が放射線被ばく障害リスクに対する代償とされているということである。

確かに、民間企業に後日の支払いリスクを課すことは、企業にも作業者にもリスク（会社がなくなる可能性）が大きく、生涯にわたる保障を制度として課すより契約期間中に精算する方が経済的側面からは合理的に見える。けれどもこれは、労働者側から見れば労災保険がないのと同じ過酷な条件になる。したがって、公的機関が元請会社または注文主から保険金をプールして、生涯にわたる「放射線被ばく労働災害保険」を設けるなどしなければ、著しく不安定な労働環境となる。

こういう環境では、技術を有してよそで重宝されている技能労働者は原発に来なくなり、経験の浅い労働者などが一本釣りでかき集められる結果になるのも頷ける。だからこそ多重下請構造になり、最終的にリスクは個人負担になるのである。

原発事故収束という国家的最優先業務に携わる人びとを冷遇する現状が露呈しているのは、制度的欠陥である。それとも「線量管理しているから後遺症はない」と言うのであろうか。それは事故が起こり得ないと言って来た福島事故以前の安全神話と同じである。可能性の大小にかかわらず、事故や

注10　ハッピー『福島第一原発収束作業日記』河出書房新社、二〇一三年、一五九頁

後遺症のリスクに備えなければならない。それが、福島事故の教訓である。

(4) 国の総力を結集して

原発事故処理の現場業務は、原発の建設業務よりも巨大なプロジェクトであり、定期的なメンテナンス業務より過酷な被ばく環境にある。その業務の膨大さと複雑さを考えると、従来の電力会社および元請会社の技術スタッフでは量的にも質的にも対応することができない。これは、どの会社が直面してもむずかしい業務である。それを東電一社の現有勢力の業務内で処理させ、しかも私企業として利益追求も並行して行わせるという二律背反の要請を加えていては、とうてい事故処理の完遂はおぼつかない。東電を破綻処理し、事故処理専門の組織を作って、政府、産業界、学界からも総力を挙げて結集する体制を作り、今後の長い事故収束作業に取り組まなければならない。汚染水処理作業は、長い道程のほんの第一歩に過ぎない。

まず前提条件として、作業環境の被ばくレベルを抜本的に下げるために、現在の「中長期ロードマップ」を改めて第4章3に述べるように後始末期間を一〇〇年以上かけて放射能の減衰を待つべきである。その上で、現場作業を担う労働者の雇用システムも根本から改善しなければならない。多重下請など、今までさまざまに問題視されてきた事柄を解消することはもちろん、一般社会における現行の健全な労働慣行が履行されるべきである。

また、被ばく後遺症に対するセーフティネットを準備して、国家的な困難に挺身した人びとに対する手厚いケアを行う制度を作らなければならない。

3　事故現場作業員の危険手当

(1)　福島第一原発事故現場の後始末作業従事者

福島第一原発事故現場には核反応を専門とする技術者よりも、さまざまな予期しない状況に対処できる熟練作業者が必要である。しかし、事故以前からこの現場の作業に従事していた熟練作業者は、すでに許容限度の放射線を被ばくして退域を余儀なくされており、技術的に熟練度の低い作業員の大量補充が続いている。

一日の入域作業者の概数は、二〇一四年四月には三〇〇〇人（ほかに東電職員一〇〇〇人を加えて合計四〇〇〇人）であった。その年度の終わり、つまり二〇一五年三月には六〇〇〇人（東電一〇〇〇人は変わらず、全体で七〇〇〇人）に倍増した。理由は、汚染水対策などで工事量が増えたからである（二〇一六年四月以降は合計約六〇〇〇人で推移している）。

作業員の出身地は、地元と遠方からがほぼ同数だと言われている。(注11) この人たちは、一生この現場で働き続けられるわけではない。毎月新規入構登録者が数千人いることを考えれば、数カ月で年間被ばくコントロール量の二〇ミリシーベルト近くに達して退域していく人が多いと考えられる。今後長期

注11　開沼博『福島第一原発廃炉図鑑』太田出版、二〇一六年、一六二頁

的に本当に必要な熟練技能労働者が集められるかが心配されている。

現場を正常に運営しようとするなら、労働者の待遇を良くし、また、その仕事に誇りを持てるような環境を提供することが必要である。現状はその両面において最悪である。すなわち、契約は偽装請負による多重下請であり、支払いはピンはねが横行している上に、東電が支払っている「危険手当」も本人の手に渡らないという無法がまかり通っている。

労働契約は個別民事契約だから、一定の標準があるわけではない。しかも現在は国庫から支出されている公金が東電を通じて支払われているが、具体的なイメージがつかみにくい。ここでは無謀を承知で、多重下請構造の段階ごとに具体的にどの程度の金額が支払われているかを推算してみる。

(2) 初期の待遇

初期には、「東電は元請会社に対して一人一〇万円くらいを払っているのに当人たちの手元に届いているのは一万円程度である」といういわゆるピンはねがしばしば報じられていた。事故から一年余り経過した二〇一二年七月に〈ハッピー〉氏は次のように書いている。

> 今の現場の状況だと、建屋内は別として日々の平均被曝値は〇・一mSv前後くらいだと思うでし。作業にもよるけど大体半年で二〇mSvくらいの計算で働いているでし。半年で年間の収入が稼げるかというと、今は単価も安く無理でし。オイラの知る限りでは日当一二〇〇〇円前後くらいで、月三〇万円前後が普通と思うでし。原発作業のみの下請け作業員は何の保証も補償も

ナインでし。かといって他の仕事を見つけるのも難しい状況なのです。（注12）

東電が元請会社に一〇万円払っていて、労働者当人に一万二〇〇〇円が支払われていた場合には、何段階の下請け構造があるのだろうか？　ひとつの計算モデルを仮定して概算を試みると次のようになる。ここでは計算条件を次のように仮定する。

①　建設会社が公共事業などに入札するときに使う標準単価の情報が載っている『建設物価』二〇一三年一一月号によると、「軽作業員」の日当が福島県で一万二九〇〇円、これに必要経費（法定福利費事業主負担額、労務管理費、宿泊費）五二〇〇円を加えた一万八一〇〇円を顧客が支払うとなっている。（注13）今、元請会社が東電から受け取る金額の内訳として、必要経費＋一般管理費を三五％とする。

②　それ以降の下請会社の受け取る金額のうち、必要経費＋一般管理費を二〇％として手元に残し、受け取った金額の八〇％をさらに下請会社に支払うとする。

このような条件で順次下位の下請会社に支払う金額を計算すると、次表のケース1のようになる。この計算では、作業員当人（個人事業主／一人親方）として、手取り一万二〇〇〇円と宿泊費五二〇〇円

注12　河出書房新社、二〇一三年、一七一頁
注13　建設物価調査会、二〇一三年一一月一日発行、八四九頁。軽作業員の公共工事設計労務費は、一万二九〇〇円

表 3-2　多重請負の賃金推定モデル計算表

	Case 1	Case 2	支払い割合
東京電力			
↓	100,000 円	60,000 円	100%
元請会社			
↓	65,000 円	39,000 円	65%
1 次下請け会社			
↓	52,000 円	31,200 円	80%
2 次下請け会社			
↓	41,600 円	24,900 円	80%
3 次下請け会社			
↓	33,280 円	19,970 円	80%
4 次下請け会社			
↓	26,620 円	15,970 円	80%
5 次下請け会社			
↓	21,300 円	12,780 円	80%
6 次下請け会社			
↓	17,040 円	10,220 円	80%
7 次下請け会社			
↓	13,630 円	8,180 円	80%
8 次下請け会社			
↓	10,900 円	6,540 円	80%
作業員			

円を現物支給されているとすれば、一万七二〇〇円を受け取っている計算になり、六次下請の位置にいると推量される。(注14)

(3) 東電のコストダウン以後

二〇一三年八月に国際廃炉研究開発機構（ＩＲＩＤ）が設立され、二〇一四年八月に原子力損害賠償支援機構が改組されて、原子力損害賠償・廃炉等支援機構に改組されるなど、福島の事故現場後始末作業に対する政府の支援体制が整うとともに、東京電力も企業経営の視点でコストダウンを図るようになり、労務費の切り詰めを実行し出した。しかし、二〇一三年夏から秋にかけて汚染水流出や電源遮断などのトラブルが続出し、その一方、二〇一三年九月に安倍首相がブエノスアイレスのＩＯＣ総会に乗りこんで、「汚染水はアンダーコントロールである」と見栄を切る場面があった。

東電の広瀬社長は一一月に、作業員確保のために危険手当を、従来の一万円から二万円に増額すると発表した。けれども、それは元請への支払いが増えただけの結果になっている。危険手当は多重下請の構造の中で順次ピンはねされて大幅に減額され、他方、日当額は減らされて、作業員当事者にとっては受け取り合計額は変わらないという状態であった。

二〇一四年五月に、除染現場の作業から東電福島第一の現場の作業に移った池田実氏によると、同氏の一日当たりの収入は次のように変わった。(注15)

注14　労働者日当の実態については、聞き取り調査による断片的情報しか見当たらないが、樋口・渡辺・斉藤『「最先端技術の粋をつくした原発」を支える労働』（学習の友社、二〇一一年）が比較的詳しい。

除染現場：日給七〇〇〇円＋危険手当一万円＝一万七〇〇〇円
福島第一：日給一万円＋危険手当四〇〇〇円＝一万四〇〇〇円

一万四〇〇〇円に宿泊費五二〇〇円を加えると、一万九二〇〇円になる。同氏が雇用された会社は三次下請であったということを勘案すると、東電が日給四万円＋危険手当二万円を元請に支払っていると仮定して計算すると表３‐２のケース２にほぼ一致する。

(4) 多重下請を改めない理由と現場管理責任の分散

現状の多重下請契約は、違法な偽装請負契約である。この違法な契約は原発プラントの建設工事や定期検査において長年行われてきた。それが行われてきた理由は、被ばくによる健康管理や労務管理に伴う責任を電力会社や元請会社が免れるための偽装が目的だからである(注16)。その結果、現場管理業務全体に大きな弊害が発生している。東電から注文を受けている会社の数は、事故直後には元請二七社、下請約五〇〇社であった。その後二〇一五年には、元請け四〇社、下請け約一五〇〇社である（下請には重複があり、実態はこれより若干少ない）(注17)。

通常、プラント所有者が現場工事を契約する場合には、業種別に元請会社を決めて多数の会社と契約を結ぶのではなくて、一社またはエリア別に数社のエンジニアリング会社を選んで契約し、その元請会社にそのエリアの仕事を全部任せることによって、単一責任（Single Responsibility）を負わせる。

現在の東電の契約形態では、結局単一責任を負っているのは東電である。しかし、東電はプラント運転が専門の会社であり、事故処理には不向きである。それは建設を専門とする会社が得手とする分野である。多数の作業員の出入りが激しい現場を管理するのも、エンジニアリング会社や建設会社が得意とする分野である。こういうミスマッチのために、ますます人員管理や被ばく管理が無秩序になっていると考えられる。

(5)　せめて危険手当を別枠で支払うべきだ

環境省が除染現場作業員に対して行っている危険手当の全額本人への支払いは、環境省が直接本人に手渡しているわけではなくて、労働者と契約している元請会社へまとめて支払っているはずである。そして除染作業の元請会社は、通常土建工事を請け負っている大手ゼネコンであって、東電との間に契約形態の大きな差はない。唯一の違いは発注者が環境省という官庁であるか、東電という民間企業であるかという点にある。東電は、元請会社や下請会社に危険手当を全額本人に支払うよう「要請はしているけれども強制はできない。民間企業同士の自由契約だから」と言い訳をしている。

しかし、その原資の実態は、原子力損害賠償・廃炉等支援機構を通じて国費から支給されている資金である。民間企業が官庁の代行事業をしている例はいくらもある。たとえば、所得税の徴収、厚生

注15　池田実『福島原発作業員の記』八月書館、二〇一六年、七二頁
注16　樋口・渡辺・斉藤、前掲書、二頁
注17　開沼、前掲書、一六五頁

年金の徴収などである。したがって、所管の経済産業省資源エネルギー庁が、法令を作ってそれを東電および元請会社以下の各社に実施義務を負わせれば、簡単に実行できると考えられる。東電や、その工事を請け負っている元請会社の不透明な利益のために、官庁および産業界が不作為を決め込んでいるとしか思えない。

4　有期・不定形・自傷労働の契約形態

福島第一原発の後始末作業に従事する労働者の被ばく作業に関する契約条件が劣悪であることは、これまで多く報じられてきた。しかし、具体的な労働契約や退域後の健康管理を系統的に改善する方策の提言は聞こえてこない。ここでは、どんな契約が望ましいかを考えてみたい。

(1)　被ばく作業の種類

過酷事故を経た原発かどうかによって被爆レベルに大きな差異がある。分類すれば次の三種類になる。

①　通常運転状態の作業または点検作業
②　老朽化などの理由で通常停止した原発の廃炉作業
③　メルトダウン後の事故処理・廃炉作業

これら三つのケースは作業内容も労働者の被ばく量も大きく違う。①と③のケースについては、次のデータがある。

ケース①：通常の原発の運転・定期点検作業の総被曝量：
　二〇〇九年度中全国五〇余箇所の原発や核燃料施設で働いた労働者七万五九八八人の総被曝量は、八三・九人・シーベルト。一人あたり、一・一〇ミリシーベルト／年。

ケース③：福島第一の二〇一一年三月一一日から一二年三月三一日までの総被曝量：
　総員二万〇五四九人で、二四七人・シーベルト。一人あたり、一二・〇二ミリシーベルト／年。
　つまり一桁違う。(注18)

なお、二〇一七年三月までの被ばく量は表３‐３のとおりである。

通常停止の廃炉作業②はケース①とケース③の中間にあるが、時間的に調整可能であり、①に近いと考えられる。その例として、東海第一原発が挙げられる。(注19)また、燃料デブリ取り出し後、静置しているアメリカのスリーマイル島の事故炉もこれに相当する。

福島第一事故現場では、汚染水問題にしろ、溶融燃料デブリの処置にしろ、現状の悪化防止のために、高線量被ばくを承知で過酷な作業を進めなければならないという環境にある。しかも、緊急に一定時間内に特定の技能者による作業を完了させる必要がある。以下、その範囲に限って議論を進める。

注18　被ばく労働を考えるネットワーク編『原発事故と被曝労働』三一書房、二〇一二年、九頁
注19　石川迪夫『原子炉解体』講談社、二〇一一年

表 3-3　被ばく区分別の作業員の人数

（集計期間：2011 年 3 月 11 日～ 2017 年 3 月 31 日）

	東電 社員						
	2011 年度	2012 年度	2013 年度	2014 年度	2015 年度	2016 年度	合計
250 超え	6	0	0	0	0	0	6
200 超え～ 250 以下	1	0	0	0	0	0	1
150 超え～ 200 以下	26	0	0	0	0	0	26
100 超え～ 150 以下	117	0	0	0	0	0	117
75 超え～ 100 以下	186	0	0	0	0	0	186
50 超え～ 75 以下	257	1	0	0	0	0	258
20 超え～ 50 以下	630	62	31	11	6	0	740
10 超え～ 20 以下	491	129	95	60	52	20	847
5 超え～ 10 以下	377	266	195	158	108	89	1193
1 超え～ 5 以下	589	579	670	637	533	401	3409
1 以下	735	589	701	822	998	1168	5013
計	3415	1626	1692	1688	1697	1678	11796
最大（mSv）	678.8	54.1	41.9	29.5	24	14.75	678.8
平均（mSv）	25.15	4.49	3.24	2.3	1.85	1.25	6.38

	協力企業社員							東電・協力企業合計
	2011 年度	2012 年度	2013 年度	2014 年度	2015 年度	2016 年度	合計	
200 超え～ 250 以下	0	0	0	0	0	0	0	6
150 超え～ 200 以下	2	0	0	0	0	0	2	3
100 超え～ 150 以下	2	0	0	0	0	0	2	28
75 超え～ 100 以下	20	0	0	0	0	0	20	137
50 超え～ 75 以下	65	0	0	0	0	0	65	251
20 超え～ 50 以下	261	0	0	0	0	0	261	519
10 超え～ 20 以下	2660	675	629	996	592	210	5762	6502
5 超え～ 10 以下	2896	2000	2067	2598	1947	1140	12648	13495
1 超え～ 5 以下	2556	1875	1897	2775	2247	1386	12736	13929
1 以下	4625	3327	3739	5314	5114	4361	26480	29889
計	4633	4239	4722	7359	6599	7077	34629	39642
最大（mSv）	17720	12116	13054	19042	16499	14174	92605	104401
平均（mSv）	238.42	43.3	41.4	39.85	43.2	38.83	238.42	678.8
平均（mSv）	10.06	5.9	5.51	5.29	4.52	3.07	5.73	5.95

2017 年 4 月 28 日付け東京電力プレスリリース
「福島第一原子力発電所作業者の被ばく線量の評価状況について：年度別累計線量分布表（年度別外部線量分布表、年度別内部線量分布表）」

(2) 事故現場後始末作業の性格

福島事故現場における労働条件の性格は、次の点に集約される。

① 高線量下の被ばく労働であり、勤続期間が数カ月に限られる人が圧倒的に多い。

② 事故後の作業という意味で過去に例がなく、不定形である。また、その発生する作業の予測が難しく、さまざまな職種の労働者が緊急に求められることが多い。

③ 被ばく労働による健康被害の後遺症の発症確率は被ばく線量に比例すると言われており、長期間当該サイトの労働に従事することは、決して当該労働者にとって望ましいことではない。

法律上の被ばく限度は年間二〇ミリシーベルト、五年間で一〇〇ミリシーベルトであり、各社は年間一五ミリシーベルトを目安とするなどいくらか余裕を持たすように管理している。(注20) たとえば、原子炉建屋周辺の凍土壁建設工事現場では、四・五ミリシーベルト／ｈの環境が前提となっていた。(注21) もし特別の対策を施さなければ、一日で年間被曝限度に達する線量である。建屋内ではこれよりさらに高線量であるが、調査のために短時間にせよ、ときどき労働者が入っている。

上記②に述べた作業者緊急需要に応えて、中小下請会社や「人夫出し」と言われる業界のツテに頼って全国から単発のリクルートが行われているのが現状である。また、それが常態化しているため

注20　ハッピー『福島原発収束被曝作業日記』河出書房新社、二〇一三年、七五頁
注21　経産省、凍土壁の入札条件書

図 3-2　偽装請負・違法派遣が常態化している原発の重層下請け構造

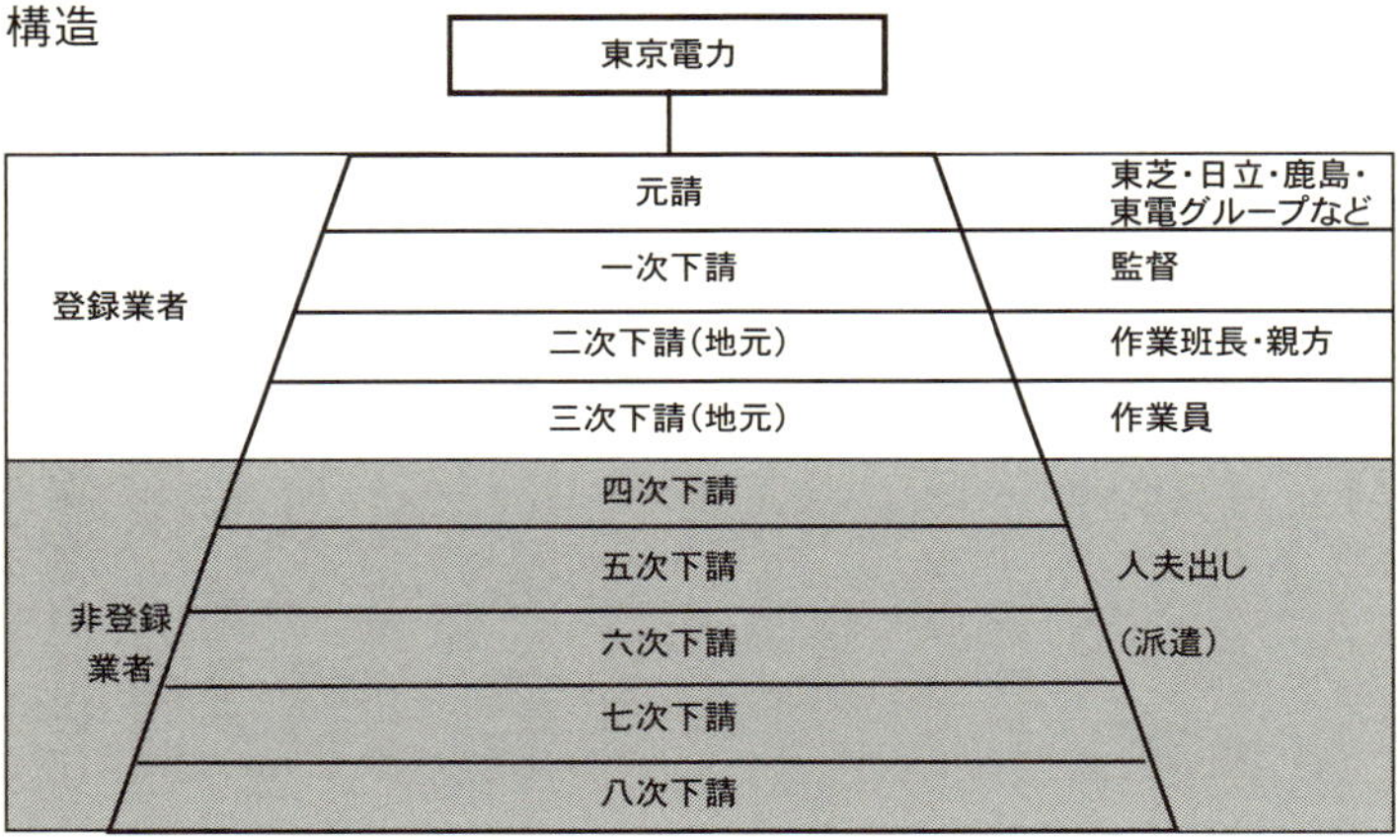

非登録業者は人集めを仕事とし、登録業者に「人夫出し（派遣）」を行う。
労働者は、契約は非登録業者と行うが、書類上は登録業者の従業員として東京電力に届けられる。給料は非登録業者から支払われる。
東電および労働基準監督署に届けられる公式書類には、非登録業者は存在しない。つまり、違法契約である。

に、計画的、組織的なリクルートへの努力がなされていないとも言える。

上記③の健康被害に関わる条件があるために、当該サイトでの安定雇用は望ましくないという要素があり、このゆえに特殊な制度設計を考案する必要がある。

(3)　現状の労働契約

労働者のリクルートについて、ルポライターの布施祐仁氏は図3-2のようなヒエラルキーを示している。(注22) そして、東電は公式には「三次下請」までしか認めないので、「四次」以下は偽装しているという構造である。(注23) 東電や元請会社は建前を通し、下請会社がそのしわ寄せをかぶっている。多重下請を認めないということは、本来、労働者にとって恩恵であるはずの制度であるが、実態は偽装が横行してかえって劣悪になっている。たとえば、賃金・危険手当の金額や労働時間、宿泊費の支払いなどが、当初の約束から乖離している。また被ばく作業場所が、約束では屋外であったはずなのに、高線量の屋内作業に従事させられたとか、さまざまな契約違反が報告されている。

(4)　新制度の提案

現状を肯定して放置することは違法でもあり、早急に改革が必要である。筆者らは、サイト内労働者のリクルート、派遣を専業とする公社（公共企業体）の設立を提案する。

この公社は、次の機能を果たす。

① 新規入構者の教育・資格付与

新規入構労働者はすべてこの公社がリクルートして、チェルノブイリ同様の教育を受けることを義務付ける。[注24] 一週間程度の教育を受けて、試験に合格した者にサイト内労働の資格を付与する。

② 労働者の派遣元としての契約業務

この公社が、労働者の一元的な契約者となって派遣元の役割を担い、各業務を行う企業に労働者を派遣する。当然、労働契約がきちんと履行されるように管理する。また、最低賃金単価を設

注22　布施祐仁『ルポ　イチエフ』岩波書店、二〇一二年、一一九頁
注23　樋口・渡辺・斉藤、前掲書、四六頁
注24　日本テレビ　ＮＮＮドキュメント「チェルノブイリから福島へ」二〇一三年一〇月二七日　http://nonukes.exblog.jp/19918214/

定して適用する。基本的には、除染作業等よりはるかに高給でなければいけない。

③ 健康保障のための登録

労働期間中、定期的に（たとえば一カ月に一回）、健康診断を実施する。労働契約終了時に、労働の記録と被ばく記録を登録し、かつ各労働者にもその記録を渡して、双方が健康管理できるようにする。

④ 退域後の健康管理

退域後、定期的に（たとえば六カ月に一回）定期健康診断を行う。実務は既存の医療機関に委託してもよいが、その仕様はこの機関が決定し、責任を持つ。検診によって罹病が確認された場合には、生涯無償医療を受けられるような保障制度を設ける。

5 「リクビダートル」が語るチェルノブイリの処遇

チェルノブイリ原発の収束作業に参加し、後に「チェルノブイリ法」制定運動に中心的な働きをしたアレクサンドル・ヴェリキンさんの講演会が二〇一五年一一月二六日、東京のパル・システム東新宿本部で開かれた。基本的なことながら今まで知らなかったことをいろいろ教えていただいて、目からうろこの思いであった。またその二日前に、チェルノブイリ事故時以来医師として放射線による病気の治療に従事してきたアナトリー・チュマク医師（当時ウクライナ保健省チェルノブイリ支局代表）の講演が参議院議員会館で行われた。そのお二人の報告を紹介したい。

(1) ヴェリキンさんの話

一九八六年四月二六日にウクライナ共和国（当時ソ連邦）の首都キエフから一三〇キロメートルに位置するチェルノブイリ原発四号機の爆発事故が発生した。一四〇トンの構造部材が、ガレキとなって周辺へ飛び散った。また、二五〇トンの屋根が吹き飛んで八メートル離れたところへ落下した。コンクリートのブロックのひとつは一・五キロメートルの距離を飛んで落下した。四号炉周辺には高放射能の廃棄物が散乱した。

四号炉の消火活動やコンクリートによる封じ込め作業のほか、退避区域に指定された三〇キロメートル圏内で働いたさまざまな職種の人びとすべてを「リクビダートル」（清算人）と呼ぶ。トラック、クレーン、特殊作業の運転手なども大勢いた。軍人、警察官を中心に六五万人が動員された。医師として働いたチュマクさんもそのひとりである。

事故現場では、初期の集中作業の結果、九カ月間で〈石棺〉ができあがった。旧ソ連邦では大学を出ると自動的に軍隊の将校に任命される。事故発生と共に退役軍人や予備役軍人が動員され、ヴェリキンさんも現場に行き、作業に当たる兵士たちの中でスーパーバイザーの役目を担った。

「国は、われわれを使って、そののち忘れた」とヴェリキンさんは語った。そこで彼らは大学の同窓会名簿を利用して仲間を募り、ソ連邦崩壊後、ロシア、ウクライナ、ベラルーシの元リクビダートルたちの団体を作った（八九年）。九〇年に第一回大会を開催、国の機関と協力して法案を作った。その法案をそれぞれの国の議員、政党を通して国の機関に届けた。(注25)

これらの法案は、当初は宣言的な基本法で、もともとすでにあった法律に則って定めたものである。基本的にはロシア憲法第四二条の環境権に基づいている（「各人は、好適な環境に対する権利、環境状態の信頼における情報を受ける権利および自然環境の侵害により各人の健康または財産にこうむった損害の賠償にたいする権利を有する」原隆訳）(注26)。つまり、事故前から市民の放射線被ばく防護に関する法律がすでにあり、その法をもとに許容限度を決めることができたということになる。一九九二年には具体的な施策を盛り込んだ改正法を作った。これは人びとが闘って勝ちとった権利である。もともと作業員に対しては被ばく限度を二五〇ミリシーベルト（従事期間あたり）と決めており、それが守られないときは監督者が裁判で裁かれるという仕組みになっていた。しかし、いざ事故に遭うと、実際の線量が隠ぺいされるということが起こった。すべてのエネルギーシステムは国有であったので、損害賠償は国の責任になった。賠償金を最小にしようという圧力がかかったし、チェルノブイリ原発の再稼働を急ぐというドライブもかかった。

(2)　福島事故後始末における被ばく労働者との比較

以下に、福島第一の事故現場の被ばく労働者の問題に照らして、筆者の感想を述べる。チェルノブイリ原発事故という国家的大事故に際して、事故後の被ばく労働のマネジメントを見ると、福島とは雲泥の差がある。社会体制の違いによるところも大きいが、事故後すぐに国家の正規の軍隊組織が動員されている。その組織の中では、大学出の将校から一般兵士のレベルまでさまざまな階層の人びとが一体で働いた。その後の被ばく者補償を求める運動においても、業務上指導的な立場にあった知識人グループが当事者として働き、組織が機能したことが社会正義と公平を実現させた。これは、福島第一原発における日本の作業現場と基本的に違っている。

前述の通り、福島第一原発の現場では、現在六〇〇〇人の人びとが日々作業している。そのうち下請労働者はさらに数次の雇用関係に分かれている。ソ連時代の軍隊の組織的一体感と比較すれば、労働者たちは輪切りの上下関係になっている。ヴェリキンさんのような大学出の人びとが監督者チームを作って働き、その後の被ばく者の権利を守るために全リクビダートルや全避難者をカバーする「チェルノブイリ法」を作ったという事実と比較を試みれば、現在福島の現場の指揮をしている東電と雇用関係がある監督者たちが全被ばく労働者、全被ばく住民の権利を守るための法律を作るように働いてくれるかという疑問が湧く。まったく正反対である。

東電と直接雇用関係のある人びとは、東電の企業利益を守るために下位の企業従業員の利益を切り下げようとしている。企業間契約の上で、上下関係の輪切りになった切れ目ごとに労働者間の利害が対立することになり、上位企業の従業員が下位企業の従業員を包括する権利法制を求めて尽力することはない。しかも、五〇〇〇人のうち下位の多くの人びとは非熟練労働者であり、三カ月ないし六カ

注25　「チェルノブイリ事故に関する基本法」オレグ・ナスビット、今中哲二訳
一九九一年二月ウクライナ最高会議において「チェルノブイリ法」が採択された。この概念の基本目標は、生涯被ばく量を七〇ｍＳｖ、つまり一年間に一ｍＳｖ以下に抑えるということである。　http://www.rri.kyoto-u.ac.jp/NSRG/Chernobyl/saigai/Nas95-J.html

注26　「ロシヤ連邦憲法」邦訳（一）原隆　http://ci.nii.ac.jp/els/110004299330.pdf?id=ART0006467296&type=pdf&lang=en&host=cinii&order_no=&ppv_type=0&lang_sw=&no=1448677259&cp=

図3-3　チェルノブイリと福島の現場組織の比較

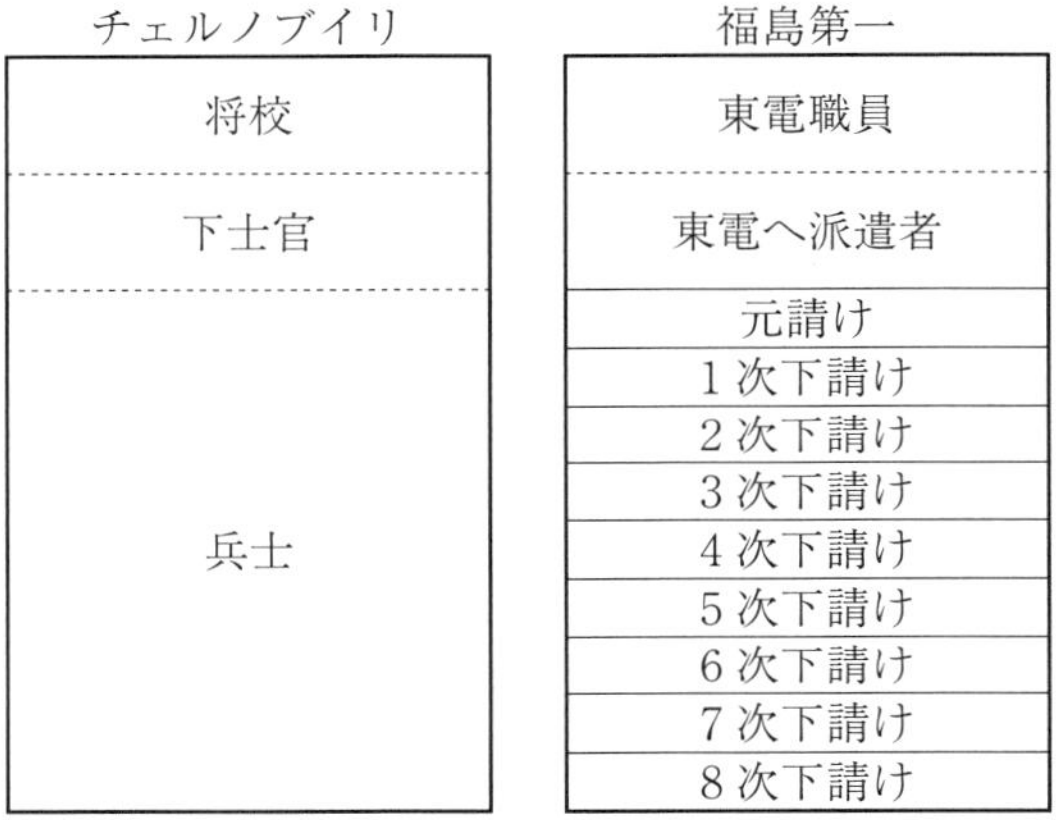

月くらいの間に管理目標としている年間被ばく量一五ミリシーベルトに達して雇用が打ち切られている。

そのことを模式的に表すと図3‐3のようになる。実線は上下の契約関係によって利害対立が起こる境目を表す。たとえば、福島（右図）では、下位の下請け会社に属する労働者が上位の下請企業からピンはねされることがしばしば報じられているが、実線で表された境目で分断が強くなされるほど上位の企業には有利に働く。全体を統括する東電職員の立場からすれば、経済的に安く上がり、契約上のトラブルも被ばくによる労働災害のケアも自分の手から下位の契約者に押し付けるほうにインセンティブが働き、全員の福祉を考えることから逃避しようとするシステムである。(注27)

このような下位の人びとを犠牲にすることで成り立っている日本の社会が「豊かな社会」とどうして言えようか？　ソ連邦が崩壊して経済的に困難な時期にあったチェルノブイリ周辺諸国の精神と施策が、経済的に豊かだと呼号する今日の日本社会のそれらと比較して優れていることを恥じずにはいられない。

(3) チェルノブイリ法と医師チュマクさんの話

ヴェリキンさんの話によると、ロシアでは事故前から原発労働者だけではなく、一般人に対しても被ばく限度を定めた法律があり、それを事故後に後退させないように運動し実現したのだという。日本では環境法（大気汚染防止法、水質汚濁防止法など）から放射性物質による汚染限度の規定を除外しており、市民はまったく無防備であった。そして曲がりなりにも一ミリシーベルト／年と考えられていた一般市民の被ばく限度を、環境省などが二〇ミリシーベルト／年とか五ミリシーベルト／年とかに、ご都合主義によって事故後に変更している。

チェルノブイリ法では、年間五ミリシーベルトの地域は強制移住、一ミリシーベルトの地域は移住の権利が保障されている。しかも、三〇キロメートル圏内に住んでいた人々すべてに補償金が支払われている。それは、病気が発症したから補償をするという思想ではなく、被ばくしたことに起因する発症リスクを負わせたことに対する補償として支払われるのである。もちろん実際に発症すればその治療費は補償される。日本では、発症しなければ補償されない。そのために、御用学者を集めて、「この病気の原因は被ばくに起因しているか否か」という議論をし、疑わしきは立証不十分で補償対象から外すという措置をしている。おまけに「一〇〇ミリシーベルト以下で発症するという明確な証拠がない」という理由で、因果関係が無視されつつある。(注28)

注27　拙稿「原発事故の収束作業は誰が担っているのか?」『世界』二〇一三年一〇月号
注28　綿貫礼子編『放射能汚染が未来世代に及ぼすもの』新評論、二〇一二年、一一〇頁

医師アナトリー・チュマクさんは、事故後三〇年を間近にした今日の発症の状況を話された。当時世界にはロシア語の論文は普及せず、日本の学者（重松逸造氏ら）をはじめとしたＩＡＥＡなどの楽観的な報告が喧伝された。しかし、いまも各種の症状が世代を超えて発症していることが伝えられている。(注29) 彼は、折しもノーベル文学賞を受賞した作品『チェルノブイリの祈り』にも言及しておられた。おふたりとも、礼儀正しく、快活かつユーモアもある方で、成果も失敗も直接共有しましょうと言われたことが印象的であった。

注29　ヤコブレフ、他、星川淳他訳『チェルノブイリ被害の全貌』岩波書店、二〇一三年

第４章　事故現場の後始末をどうするか

原発事故現場の後始末は、台風や地震のような自然災害の場合と違って、態様についても期間についても見通しを立てることがきわめてむずかしい。何世代にもわたって地元住民の住環境の放射能汚染が減衰するのを待たねばならないし、事故現場では前例のない作業を進めねばならない。

事故後六年を経た現場の状況を考え、一〇〇年以上はかかるであろう後始末の計画について考えてみたい。

1 汚染水対策と凍土壁

福島原発事故から六年の間、収束作業を困難にして来たのは、毎日四〇〇トンに達する、建屋に流入する地下水であった。この流入地下水が溶融燃料デブリ冷却のために循環させている冷却水と混合して新たな汚染水となっていた。二〇一七年五月の時点ですでに汚染水の総量は一〇〇万トンを超えていた。(注1)

原子力規制委員会は二〇一三年八月二一日、福島第一原発で高濃度放射能の汚染水がタンクから漏れた問題について、国際原子力事象評価尺度で、「レベル三」(重大な異常事象)に相当すると発表した。(注2)汚染水漏れの可能性は事故一カ月後の二〇一一年四月から指摘されていたが、観測井戸を徐々に増やし、トレンチから放射性物質が海に漏れていることをようやく七月一九日に公表したのであった。(注3)

二〇一二年暮れに自民党の安倍政権が発足し、原発を推進する上で福島第一の姿は目ざわりとばかり、東電任せにせず政府自ら旗を振って廃炉対策を進めようと、経済産業大臣を議長とする「福島第一原発廃炉対策推進会議」を二〇一三年三月七日に発足させた。しかしその後も、地下水槽や地上タンクの漏れ、地下汚染水の海への流出、仮設電源のネズミによる停止など、ままならない事態が続出した。業を煮やしてか、六月二七日の第五回会合で「中長期ロードマップ」の第二回改訂版が決められた（注4）。そこには、今後三〇年～四〇年にわたる事故収束の工程が策定されていて、最初の課題が汚染水対策であった。

地下水流入抑制対策のために、凍土壁建設工事が二〇一四年六月二日に開始されたが、この規模の凍土壁は実績がなく、さまざまな不安要素があり、施工においても困難が予想されていた。政府・東電もそのことは認識しており、凍土壁の寿命を七年とし、その後には、「予防的・重層的な対策」として長期間の使用に耐える粘土壁やコンクリート壁の建設が必要と判断していた。凍土壁決定の動機は、技術的合理性に基づいたものではない。事実、技術的信頼性、施工性、費用等において無駄が少なくない。

なお、日本陸水学会も二〇一三年九月二〇日付で「福島第一原発における凍土遮水壁設置にかかわる意見書」を提出して凍土壁撤回を求める意見書を提出した（注5）。

注1　原子力市民委員会『原発ゼロ社会への道二〇一七』第2．2節
注2　『朝日新聞』二〇一三年八月二二日夕刊
注3　『朝日新聞』二〇一三年七月二〇日
注4　原子力災害対策本部「東京電力㈱福島第一発電所一～四号機の廃止措置等に向けた中長期ロードマップ」二〇一三年六月二七日　http://www.tepco.co.jp/nu/fukushima-np/roadmap/conference-j.html
注5　日本陸水学会「福島第一原発における凍土遮水壁設置にかかわる意見書」http://www.jslim.jp/

(1) 凍土壁選定の経緯

公開資料で跡づける限り、凍土壁選定の経緯は次のようである。

① 汚染水処理対策委員会第一回会合（二〇一三年四月二六日）で、東京電力は陸側約五〇〇メートル上流に「連壁」を設けることを提案している（資料3 - 1）[注6]。また、鹿島建設が建屋直近に「凍土壁」を設けることを提案している（資料3 - 3）[注7]。

② 同委員会第三回会合（二〇一三年五月三〇日）の資料に、凍土壁を選定した旨が記載されていて、次の記述がある。

「凍土方式による陸側遮水壁により長期間建屋を囲い込む今回の取組は、世界に前例のないチャレンジングな取組であり、多くの技術課題もあることから、事業者任せにするのではなく政府としても一歩前に出て、研究開発への支援やその他の制度措置を含めて検討し、その実現を支援すべきである[注8]」

この言葉の意味するところを一〇月二四日における第三〇回国会エネルギー調査会（準備会）[注9]会合で、筆者らが資源エネルギー庁の原子力発電所事故収束対応室・新川室長に確かめた。その際に明らかになったことは、政府が支出できる予算は、平成二四年度の補正予算中「研究開発費」であり、それゆえ既存の完成した技術は採用できず、未完成の技術を「これから開発する」という名目が必要であるから、敢えて凍土方式を採用する、ということであった[注10]。

これは、汚染水対策という難題を解決するための技術選択として、わざわざ不確実な方法を選ぶという本末転倒の愚行であった。

③　資源エネルギー庁は、九月一一日付で「凍土方式遮水壁大規模整備実証事業」の入札公募を行った。予算は一三六億円、締切日は九月二四日である。技術仕様については次の記載がある。

「平成二五年度から三一年度の八ヵ年にわたり研究開発を予定しています。……事業終了時点である平成三一年三月末時点でどの段階まで達成するのか明記するとともに補助金対象期間である平成二六年三月末時点でどの段階まで達成することを目標とするのか明記してください」（注11）

つまり、研究開発であるから、八年後に完成する義務もない。通常設備建設契約を結ぶときは、完成後に性能保証や瑕疵担保責任を施工者が負うわけだが、この契約にはその種の保証条項がない。納期や性能の保証もなければ設備の瑕疵担保責任もない無責任な契約である。受注者が「開発に失敗した」といえば、それで免責放免される内容である。

注6　「地下水流入抑制のための対応方策」東京電力、二〇一三年四月二六日　http://www.meti.go.jp/earthquake/nuclear/pdf/130426/130426_02h.pdf

注7　「凍土遮水壁による地下水流入抑制案」鹿島建設、二〇一三年四月二六日　http://www.meti.go.jp/earthquake/nuclear/pdf/130426/130426_02k.pdfhttp://www.meti.go.jp/earthquake/nuclear/pdf/130426/130426_02k.pdf

注8　「地下水の流入抑制のための対策」汚染水処理対策委員会、二〇一三年五月三〇日、一頁　http://www.meti.go.jp/earthquake/nuclear/pdf/130531/130531_01c.pdf

注9　通称「原発ゼロの会」という超党派国会議員の会。時々の議題に関係する専門家が出席する。

注10　国会エネルギー調査会（準備会）（原発ゼロの会）第二〇回　http://www.isep.or.jp/news/5625

注11　平成二五年度「汚染水対策事業」に係わる補助事業者公募要領　http://www.enecho.meti.go.jp/info/tender/tenddata/1309/130911a/1.pdf

④　これに対して、応札者は東電＋鹿島建設のＪＶだけで、応札金額は一三六億円、一〇月に同ＪＶに発注が決定された。

もともと東電が自社設備の始末を放置、失敗して汚染水漏れが頻発し、それを見兼ねて国税から出費しようとしているのに、東電が受注者というのはモラル・ハザードも甚だしい。

金額は、その後さらに増額されて、三四五億円になった。入札発注時に低額で契約しておいて、数カ月後の実験すら始まっていない時期に二倍以上の金額修正がなされたのは、はなはだ疑わしい経緯である。

(2)　凍土壁の問題点

二〇一三年九月に、国際廃炉研究開発機構（ＩＲＩＤ）は「技術提案募集」を始めた。その中の重要項目として、「これらの対策が十分に機能しない場合のリスクを低減するため、予防的、重層的な対策を行うことが望ましい」といって、凍土壁を補完する遮水壁（スラリー壁、グラウトカーテンなど）の技術提案を募集した。(注12)

この対策を推進してきた当事者たちはどう見ているのであろうか。汚染水処理対策委員会の地下水の専門家である丸井敦尚委員は、その年の一二月八日に発売された雑誌『世界』にこう書いている。

五月三〇日に汚染水処理対策委員会は「予防的かつ重層的な対策」が必要であると発表してい

る。数々の記事で問題視されているように、「凍土壁」は長期間の利用に耐えないかもしれない。もともと凍土壁は、廃炉に向けた建屋のドライアップのためのものであり、四〇年間も使わないかと思われるが、それでも念には念を入れて既存の（安定した）工法で凍土壁を取り囲む二重目の壁を作ることも検討されている（中略）。

凍土壁対策を発表するときに「この工法は廃炉に向けて建屋をドライアップするためのものであり、凍土壁工法は建屋周辺の地下水管理を最も安全に行うことができ、遮水性能も最も高い工法である（だからコストはかかる）。したがって、凍土壁を最初の対策工事に選んだ。しかし、数年後にはドライアップできるから、その後は重層的につくろうと思っている二枚目の壁に役割を引き継ぐので、凍土壁だけに長期間頼ることはない（注13）。

五月三〇日の報告書を確かめてみると、凍土壁が数年間の初期目的に限るものだという説明はなく、「個々の対応策が、想定どおりに機能しないリスクがあることを前提として、……追加的な対応策も含めて重層的に施策を進めることで、信頼性の高い全体計画とする必要がある」と、抽象論を述べているに過ぎない。しかしながら、ＩＲＩＤが凍土壁は不完全なものとして補完的な遮水壁の技術募集を早々に開始していることと符合しており、関係者たちは、初めから凍土壁を不完全なものと認識した上で選定したと考えられる。正常な意思決定とは考えられない。

注12　ＩＲＩＤ「五．地下水流入抑制の敷地管理」二頁
注13　丸井敦尚「水に浮かぶ福島第一原発」『世界』二〇一四年一月、臨時増刊号、五五頁

工事完成後二〇一五年三月に陸側三辺（西・北・南）の試験凍結を開始したが、三カ月の経過をみると、一八カ所すべての測定点で凍結管から八〇センチ以上離れると〇度を下回らなかった。(注14) 二〇一六年にさまざまな補強を加えて、二〇一七年一月から汚染水発生量が徐々に減少して、六月には前年の一日四〇〇トン台から三〇〇トン台に減少してきた。しかし、当初目指していた性能に達するかは疑問である。

2 「中長期ロードマップ」の現状

現在、政府・東電が進めている福島第一原発事故現場の後始末作業は、三〇〜四〇年間で終了するという計画になっている。それは現実的に無理であり、その計画が無駄な被ばく労働を増やす原因にもなっている。この計画が事故なしで廃炉となった原発の廃止期間三〇年とほぼ同様の工期を設定しているのは、事故の結果を軽く見せたいという不合理な政治的思惑によるものであろう。

(1) プロジェクトの全体像

一つのプロジェクト完遂のためには、総費用、工程、品質目標を最初に決定するのが筋である。この業務の費用支出は、政府の国家予算から原子力損害賠償・廃炉等支援機構を通じて、単年度ごとに行われている。さらに、二〇一七年二月に行われた二号機の調査では、格納容器内で推定八〇シーベルト／h の高線量が観測され、ロボットが二時間程度で故障してしまった。(注15) それらの事情を考えれば、現在の三〇～四〇年という廃止措置終了までの期限は不可能と認めるべき段階にきている。当面の急務は、既存の技術を中心とした実行可能な計画をまず作り、その後、たとえば五年間隔で新しく開発に成功した技術によって短縮可能な範囲で計画を改訂していくという着実な工程を示すことである。

(2) 羊頭狗肉の計画がもたらした弊害

上記のような実現困難な工程を提示してきたために、(注16) 無理な組織運営が行われ、大きな弊害をもたらしている。その代表例を挙げる。

注14 二〇一五年七月一〇日の「陸側遮水壁タスクフォース」第一六回会合の資料二‐三「試験凍結の状況について」 http://www.meti.go.jp/earthquake/nuclear/osensuitaisaku/committee/rikugawa_tusk/20150710_01.html http://www.meti.go.jp/earthquake/nuclear/osensuitaisaku/committtee/rikugawa_tusk/pdf/150710_01g.pdf を見ると、地中温度は、凍結管から八〇センチ離れると、温度差で一五度（中粒砂岩層）～二〇度（互層部）しか冷えていない。そして、〇度を下回っていない。ブラインの送りと戻りの温度差は二度以下であった。
その後二〇一七年一一月三日に、東京電力はようやく全長に渡って地中温度がおおむね〇度C以下に下がったと発表した。「凍土壁、地中の温度〇度以下に」『毎日新聞』二〇一七年一一月四日

注15 当初、推定六五〇Sv／hと発表されたが、八〇Sv／hと修正された。それでも現場作業の困難が軽減したといえるレベルではない。「二号機原子炉格納容器内部調査～線量率確認結果について～」ＩＲＩＤ、東京電力、二〇一七年七月二七日 http://www.meti.go.jp/earthquake/nuclear/decommissioning/committee/osensuitaisakuteam/2017/07/3-03-03.pdf

注16 拙稿「〝国が前面に出て〟遅らせる：汚染水処理に立ちはだかる乱立組織」『科学』Vol.八三、No.一一、一二一〇頁

①「石棺方式」という言葉に反発する地元首長たち

二〇一六年七月一三日に、原子力損害賠償・廃炉等支援機構が「東京電力ホールディングス（株）福島第一原子力発電所の廃炉のための技術戦略プラン二〇一六」を発表し、燃料デブリ取り出し方法の選択肢として「石棺方式」に触れた。そして、「事故炉の中長期的リスクの解消」と「取り出し作業に付随するリスク」はトレードオフの関係にあると述べた。(注17) 要するに、「デブリ取り出しを急げば思いがけない放射線放出や被ばくのリスクが多く、時間をかけてゆっくりやればリスクは減る」と言ったのである。ところが、地元福島県知事や双葉郡の首長たちがこれに猛反発し、「石棺方式」という言葉を取り消すように迫り、この文書発行の責任者である山名元原子力損害賠償・廃炉等支援機構理事長は、その言葉を削除すると約束してしまった。(注18) そして、後日発行された正式版は、そのように変更されている。無理が通って道理が引っ込んでしまった。

② 無理な帰還政策

周辺地域住民の帰還政策が、客観性を欠いた楽観的な工程に基づいて遂行されており、その結果として帰還する住民の被ばくリスクを高めていることは早急に改められねばならない。

首長たちの都合と現実の生活者の意思決定は大きく乖離している。そのことを如実に表しているのは、避難指示解除後の住民帰還率である。たとえば、南相馬市小高区の避難指示が解除されたのは、二〇一六年七月であり、(注19) ほぼ一年近くたった住民の帰還率は二〇一七年五月一二日現在、一四％に過ぎない。(注20) 二〇一七年三月末に避難指示区域が一部を除いて解除された富岡町と浪江町では、二カ月後の五月末日でそれぞれ帰還率は一・八％と一・五％であった。六月一日時点で避難指示解除が三カ月経過した川俣町山木屋地区と飯舘村では、それぞれ一六%と六%であった。(注21)ここでも、原発にまつわる建前と本音の乖離が透けて見える。

③ 過酷な被ばく労働

現在、福島第一事故サイトには毎日約六〇〇〇人が入構しているが、その多くは未熟練労働者で除染を中心とした作業に従事していることは第3章4に記載の通りである。これも無理な短工程を設定しているための弊害である。

(3) 屋上屋を重ねる政府側研究組織

現在、福島第一事故サイトの後始末業務に関する技術上の意思決定に関与している政府側技術支援組織は、図4-1の通りである。

① 廃炉・汚染水対策関係閣僚等会議

廃炉・汚染水対策の大方針を策定し、進捗管理を行う。とりわけ、重要な事項は「中長期ロードマッ

注17 同書、四-一〜四-三頁
注18 『福島民報』二〇一六年七月一四日および七月一六日
注19 「福島南相馬の避難指示 大部分が解除」NHK NEWS WEB 二〇一六年七月一二日 http://www3.nhk.or.jp/news/genpatsu-fukushima/20160712/0514_minamisouma.html
注20 「避難の状況と市内居住の状況」南相馬市のホームページ https://www.city.minamisoma.lg.jp/index.cfm/10,853,58,html
注21 「浪江・富岡町 帰還一%台」『日本経済新聞』二〇一七年七月一日(夕)

図 4-1　政府側関係機関の役割

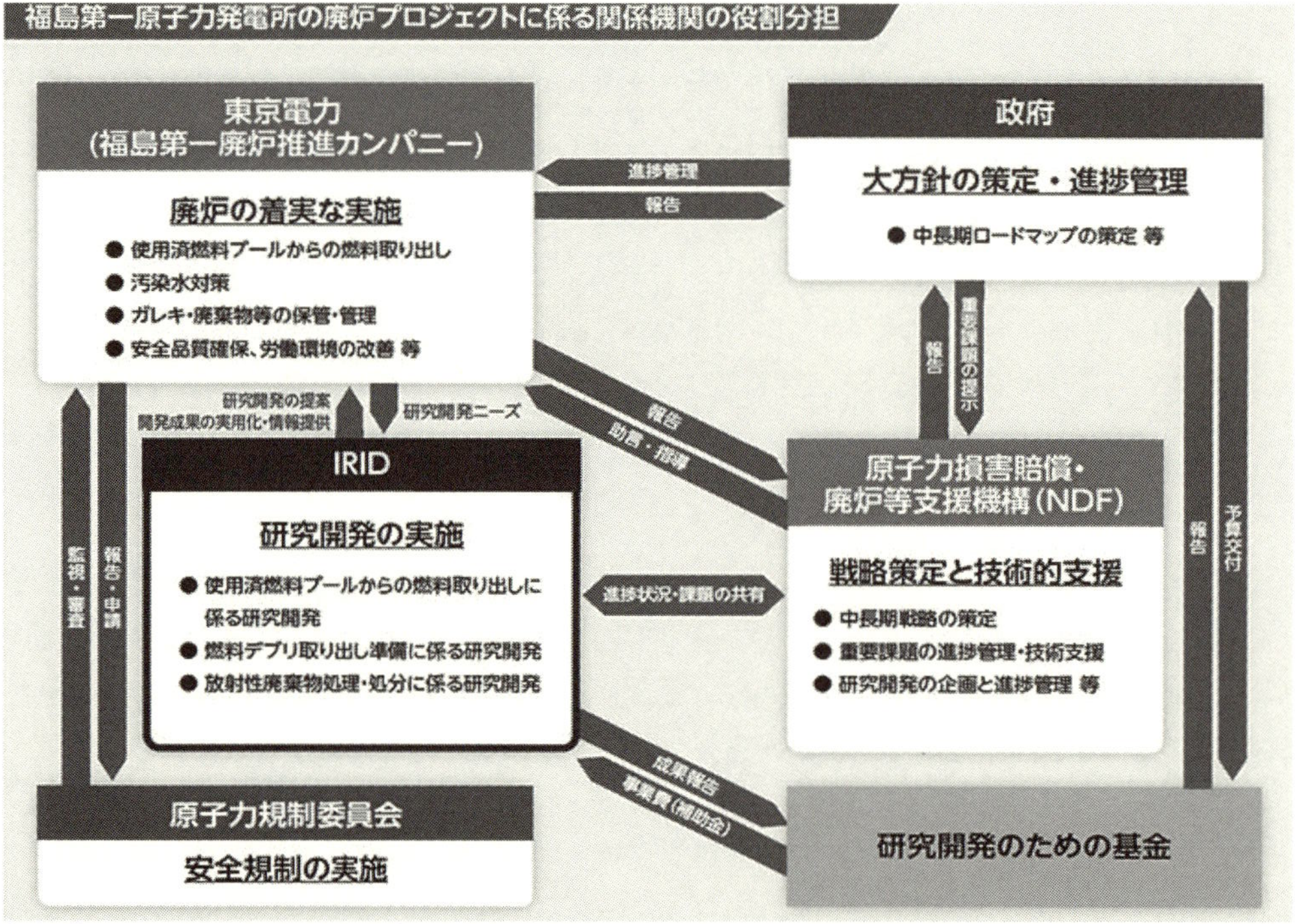

出典：『IRID 2016-2017』国際廃炉研究開発機構、2016 年、2 頁　www.irid.or.jp/_pdf/web.IRID.2016_2017.pdf

プ」の策定、改訂を行うことが主業務である。この会議の下部機構として実務を行うために、廃炉・汚染水対策チーム会合および事務局会議があり、チーム長は経済産業大臣が、事務局は経済産業省が司っている。その他の下部機構として廃炉・汚染水対策福島評議会や廃炉・汚染水対策現地調整会議などがある。[注22]

②　原子力損害賠償・廃炉等支援機構（NDF）

二〇一一年九月一二日に原子力損害賠償支援機構として設立され、二〇一四年八月一八日に原子力損害賠償・廃炉等支援機構に改組された。[注23]資本金は一四〇億円である（政府出資が七〇億円、原子力事業者等一二社が七〇億円）。政府資金がこの機構を通じて東電および国際廃炉研究開発機構へ支給される。

③　国際廃炉研究開発機構（IRID）

福島第一事故サイトの後始末業務に係る研究開発を行う技術研究組合として、二〇一三年八月に設立された。[注24]組合員は、国立研究開発法人、プラント・メーカー、電力会社等一八法人である。目的は、燃料デブリの取り出し方法の研究や汚染水対策の立案などを行うもので、当初は六〇〇人体制で発足した。

④　日本原子力研究開発機構（JAEA）福島研究開発部門

・廃炉国際共同研究センター：二〇一七年四月、福島県富岡町において共同研究棟の開所式を行っ

注22　「各会議等組織の体系図」福島県　http://www.pref.fukushima.lg.jp/uploaded/attachment/40690.pdf
注23　同機構ＨＰ　http://www.ndf.go.jp/soshiki/kikou_gaiyou.html
注24　同機構ＨＰ　http://irid.or.jp/organization/

た。燃料デブリの性状把握や放射性物質の処理・処分に係る研究開発に取り組む。
・楢葉遠隔技術開発センター：本センターは福島県楢葉町に大型原子炉模型を収容する研究施設を二〇一五年九月から一部運用、二〇一六年四月から本格運用して、燃料デブリ取り出し用のロボット開発などを行っている。(注25)
・大熊分析・研究センター：二〇一六年九月、福島県大熊町において建設工事を開始し、二〇一七年度中に運用を開始する予定である。固体廃棄物の性状把握を通じた研究開発、燃料デブリの処理・処分方法に関する技術開発を行う。

これらの重層的組織を見ると、屋上屋を重ねているように思われ、だれが組織の中心になって責任を負うのかが明快ではない。

その弊害を示す典型例が、二〇一七年夏のトリチウム含有水の処理に係る責任の押し付け合いである。七月一三日までの報道各社とのインタビューで、東電の川村会長は、「(海洋放出を行うという東電としての)判断はもうしている」といい、また「(科学的に問題ないとする原子力規制委員会の田中俊一)委員長と同じ意見だ」と述べた。(注26)それに対して田中委員長は七月一九日の記者会見で「私の名前を使ってあいうことを言ったのは、はらわたが煮えくりかえる」と非難した。(注27)この問題は以前から、原子力賠償・廃炉等支援機構(NDF)の廃棄物対策専門委員会で検討してきており、この検討を踏まえてNDFが方針を決定し、経産省が最終責任を負う組織構成になっていた。費用支出に関する権限と責任もこれらの組織が負っている。東電は意思表示をせかされたが、東電には決める権限は現実には与えられてはいない。しかし、経産省もＮＤＦも表に出ないで意思決定を表明していない。地元漁協の反対も強いので隠れているとしか思えない。図４‐１が示す組織図は、だれが責任者かわからないようにするマトリックスかもしれない。

マンハッタン計画では、グローブス将軍が一人ですべての予算支出（二三億ドル）の支払い権限を行使し、全プロジェクトに責任を負っていたことと比べると、あまりに司令塔が分散して意思決定の責任主体が不在である。[注28]

(4)　総力を挙げた専門組織を

東電は二〇一四年四月一日に社内を分社化し、福島第一廃炉推進カンパニーを設立した。その組織は次の部署から構成されている。[注29]

・運営総括部：現地で廃炉推進カンパニー社長を補佐し、カンパニーの全体総括、支援・業務基盤構築。

・プロジェクト計画部：廃炉・汚染水対策の諸課題に対する解決方針・計画の策定。

注25　楢葉遠隔技術開発センター　http://naraha.jaea.go.jp/index.html

注26　「汚染水の放出巡り東電会長発言で波紋」『日本経済新聞』二〇一七年七月二一日

注27　木野龍逸「不透明さの増す廃炉の責任主体」『科学』Vol.八七　No.九、七九九頁

注28　L・R・グローブス、冨永・実松訳『私が原爆計画を指揮した』恒文社、一九六四年、三七五頁

注29　「『福島第一廃炉推進カンパニー』の設置について」東京電力、二〇一四年三月二五日　http://www.tepco.co.jp/cc/press/2014/1234988_5851.html

・福島第一原子力発電所：廃炉・汚染水対策の諸課題の解決・実行。

しかし、現実は東電をサポートするために、東芝グループの社員約一〇〇〇人が現場で実務を担っていることが報じられている。(注30) 実態に即した責任体制を整えて、それを明白に示すことも、地元住民の不安を解消するために必要である。その上で、司令塔と能力ある人材を全産業界から糾合して、この未曽有の難題に立ち向かうのに最適な組織を作ることが必要である。

3　一〇〇年以上隔離保管後の後始末

(1)　一貫した計画の必要性

前項で、現行の「中長期ロードマップ」が時間的に実現困難であり、総費用を示しておらず、労働者の被ばく量抑制の配慮も不足していることを述べた。そこで、筆者らは原子力市民委員会のメンバーとして、実現可能かつ合理的な後始末の代替案を同委員会の特別レポートとして作成した。(注31)
代替案は下記の目標を原則としている。

A　環境への放射性物質放出を最小に
B　被ばく労働量を最小に

C　総費用（国民負担）を最小に

内容は、当面放射能を帯びたデブリを隔離保管する作業を行い、燃料取り出しは一〇〇～二〇〇年後に行うことを提案している。そして、もう一つの選択肢として、デブリ取出しをせず、そのまま隔離保管を続けるケースも加えた。

(2) 提言『１００年以上隔離保管後の「後始末」』の内容

① 提言内容

A. 当面行う作業
・使用済み燃料取り出し
・トリチウム水保管用大型タンク建設
・デブリの空冷化、建屋への地下水流入防止

B. 隔離保管のための作業
・タービン建屋および制御室撤去
・原子炉建屋外構シールド（石室）建設

C. 一〇〇～二〇〇年経過後の作業

注30　大西康之『東芝原子力敗戦』文芸春秋、二〇一七年、二一七頁
注31　特別レポート一『１００年以上隔離保管後の後始末』改訂版２０１７、原子力市民委員会、二〇一七年一一月

・デブリ取り出しと外構シールドおよび建屋撤去
・またはデブリを取り出さず、そのまま半永久的に保管を続ける

② 放射線と崩壊熱の減衰

事故から六年後の現在の放射線量を基準に比較すると一〇〇年後にはほぼ一六分の一になり、二〇〇年後にはほぼ六五分の一になる。それまで隔離保管したのちにデブリ取り出しを行うことを提案している。この特別レポートの初版を発表したのは二〇一五年六月であるが、その後の情報として、二〇一七年二月に二号機の格納容器内ステージの放射線測定の結果、推定八〇シーベルト／ｈと報告された（七月二八日東電発表）ことを前提に考えると、二〇〇年後においてもデブリ取り出しは容易ではないと予想される。最終的には外構シールドで囲ったまま半永久的に保管しておく選択肢も加えた。

③ 空冷化

現在、崩壊熱の量は、原子炉一基当たり一〇〇ｋＷ程度である。これは空気循環で十分冷却可能な熱量である。そこで、現在の水冷システムから空冷システムに切り替えることを提案した。格納容器内に冷却空気を循環するループを作り、デブリの発熱量を外部熱交換器で除去する。そうすれば、地下水が原子炉建屋内の地下部分に流入しないように、次に述べる外構シールドによって建屋内部をドライ化することが可能となり、汚染水の発生はなくなる。

④ 原子炉建屋外構シールド

原子炉建屋の外側にもう一重の壁と屋根を構成する外構シールド（鉄筋コンクリート製）を建設する。目的は、原子炉建屋から放射能が漏出するのを完全に防ぐことにある。換気システムにより負圧に保

図 4-2　外溝シールドのイメージ

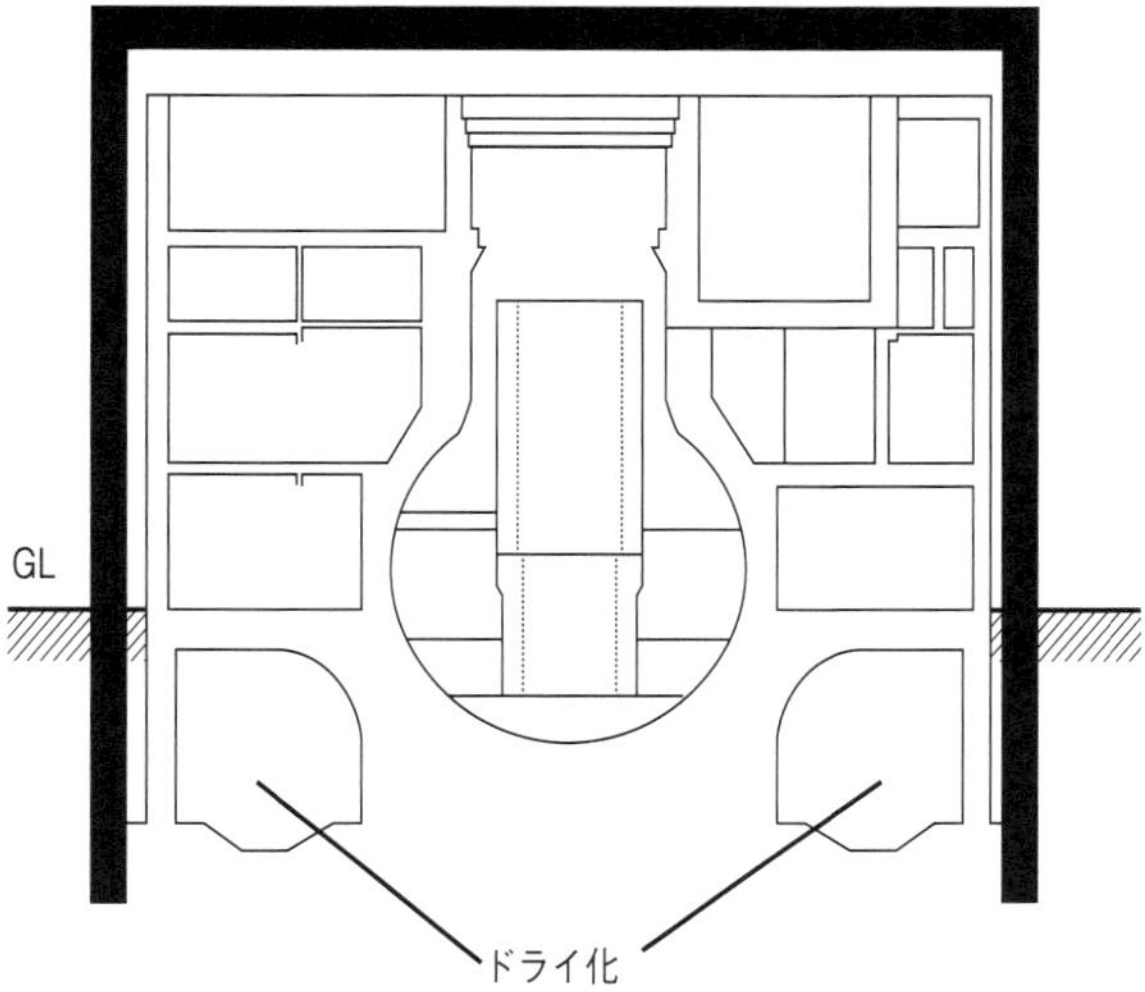

ち、ＨＥＰＡフィルター（高性能微粉フィルター）を設ける。もちろん、地震および津波に十分耐える構造とする。かつ、二〇〇年間保つことができるように、メンテナンスと更新が容易な構造にする。空冷用ダクトの出入り口と、定期的なモニタリング用の出入り口を設ける。地下部分は、既設原子炉建屋の基礎コンクリートの上部または側面に接続して、地下水の直接的な流入を防ぐようにする。

ここで、呼び名について一言お断りをする。筆者らは、チェルノブイリ原発の事故後に建設された「石棺」に倣って「石棺」という言葉を考えた。しかし、チェルノブイリでは、初期のコンクリートによる構築物も「石棺」と呼び、近年建設したシェルターも「石棺」と呼んでおり、いずれも寿命を一〇〇年以内として取り壊すことを前提としている。これに対し筆者らは二〇〇年以上使用に耐えるコンクリート構造物

表 4-1　代案の見積結果

	現行中長期ロードマップ	代案		
		100 年保管後の後始末	200 年保管後の後始末	半永久的に保管
終了時期	40 年後	130 年後	220 年後	半永久的
現場労働者（人・年）	250,000	140,000	140,000	130,000
支援労働者（人・年）	41,000	37,000	37,000	32,000
現場被曝量（人・Sv）	1,900	850	850	810
費用総計（兆円）	30	19	19	17
備考	40 年間で終了は無理			300 年後までの計算

を建設することを想定している。もちろん、保守・点検を容易に行える設計として、将来世代にその時々で維持管理の方法をその時点における最新技術で検討してもらうことを前提にする。また、形状的には直方体の構造体とする。そのような考えで「外構シールド」あるいは「石室」という呼び名を考えた。いずれにしても、過去に経験がない目的の構造物であるので、私たちは呼び名の選択はこだわらない。

格納容器内の放射能レベルは二〇〇年後でも一シーベルトを下らない。そのような被ばく環境でデブリ取出し作業を行うことは推奨できない。しかも一号機から三号機までのデブリの合計量は合計八八〇トンに膨らみ（核燃料の重量二五七トンの三・四倍）、一号機のデブリは格納容器底部コンクリートとＭＣＣＩ（Molten Core Concrete Interaction、核融炉心コンクリート相互作用）を起こして、深さ三メートルまで浸食しているという（注32）。

したがって現状では筆者らは半永久的な保管が望ましいと考える。しかし、二〇〇年間の技術の進歩を予測することもむずかしい。それで、当面万全の保管対策を施して、最終決定は将来世代に委ねることが適切であると考える。

⑤　トリチウム水保管タンク

石油備蓄タンクで容量一〇万トンの長寿命タンクは、全国に多数実績がある。一九七〇年代の石油ショックを契機に日本全国で多数の石油備蓄基地が設置され、それらは間もなく五〇年を経過するが、設備としては十分に使用継続が可能である。内部の防食塗装を適切に施し、定期的に点検・保守が可能な配慮を行なえば、一〇〇年以上の設備寿命は十分に見込むことができる。

このようなタンクを建設して、一〇〇年以上保管すれば、放射線は一〇〇年後には約二五〇分の一になり、一二三年後には約一〇〇〇分の一になる。その時点で改めて放流の是非を議論すればよい。

⑥　被ばく量と費用の計算結果

以上の計画に基づいて、労働者数、現場労働者の総被ばく量、総費用を試算して、表4－1の結果を得た。初めの欄は現行の政府が示している「中長期ロードマップ」が可能として、その通り実施された場合を見積もったものである。

そのほかに三つの代案ケースを見積もった。①一〇〇年間隔離保管した後にデブリを取り出す場合、②二〇〇年隔離保管したのちにデブリを取り出す場合、③隔離保管の外構シールドをそのまま維持していく場合、の三ケースである。いずれの代案も、表に示す通り現行の「中長期ロードマップ」と比べて、総被ばく量が半分以下に、総費用が約三分の二になる。(注33)

注32　NHKスペシャル『メルトダウン』取材班『福島第一原発一号機冷却「失敗の本質」』講談社現代新書、二〇一七年、一八八頁
注33　原子力市民委員会、前掲特別レポート一、第五項

費用の見積については、筆者らのレポートとは別に、日本経済研究センターが、現行の「中長期ロードマップ」に基づいて試算した結果を発表している。その報告書によれば、事故現場後始末作業の見積結果は三二兆円と発表されている。(注34) 筆者らが現行の「中長期ロードマップ」のケースの見積額を三〇兆円と算出したことは大方の合意を得られるであろう。しかもこの現行のケースは前項で検討したように、ほぼ実現不可能な計画である。

4 廃炉のための「人材育成」はいらない

(1) 廃炉を理由に叫ばれる「人材育成」

二〇一七年四月に原子力委員会は、「原子力利用に関する基本的考え方（案）」を発表し、今後も原子力利用を推進し、そのための「人材育成」を図るとしている。(注35)

このような施策は、福島事故以後も連綿として続いている。たとえば、二〇一四年四月に安倍内閣の「エネルギー基本計画」(注36)が閣議決定されたが、そこでは、次のように原子力分野の「人材育成」が必要であると主張されている。

東京電力福島第一原子力発電所の廃炉や、今後増えていく古い原子力発電所の廃炉を安全かつ円滑に進めていくためにも、高いレベルの原子力技術・人材を維持・発展することが必要である。

また、東京電力福島第一原子力発電所事故後も、国際的な原子力利用は拡大を続ける見込みであり、特にエネルギー需要が急増するアジアにおいて、その導入拡大の規模は著しい。我が国は、事故の経験も含め、原子力利用先進国として、安全や核不拡散及び核セキュリティ分野での貢献が期待されており、また、周辺国の原子力安全を向上すること自体が我が国の安全を確保することとなるため、それに貢献できる高いレベルの原子力技術・人材を維持・発展することが必要である。

この基本計画を受けて、総合エネルギー調査会原子力小委員会がその具体的施策を検討している。そして、二〇一四年一一月二七日の第一〇回会合で「原子力小委員会の中間整理（改訂案）」が発表され、次のように「人材の維持」が謳われている。(注37)

　同基本計画において記載されているとおり、原子力事業者は、高いレベルの原子力技術・人材を維持し、今後増加する廃炉を円滑に進めつつ東京電力福島第一原子力発電所事故の発生を契機

注34「事故処理費用は五〇兆～七〇兆円になる恐れ」日本経済研究センター、二〇一七年三月七日
注35「原子力利用に関する基本的考え方（案）」原子力委員会、二〇一七年四月二六日、二〇頁　http://www.aec.go.jp/jicst/NC/iinkai/teirei/siryo2017/siryo18/siryo1-1.pdf
注36「エネルギー基本計画」四三頁　http://www.meti.go.jp/press/2014/04/20140411001/20140411001-1.pdf
注37「原子力小委員会の中間整理（改訂案）」一二頁　http://www.meti.go.jp/committee/sougouenergy/denkijigyou/genshiryoku/pdf/010_03_00.pdf

とした規制強化に対し迅速かつ最善の安全対策を講じ（以下略）。

これらの動きを受けて、二〇一四年一一月二五日に東京工業大学原子炉工学研究所において、文部科学省と同大学共催で、（原発の）「廃止措置等基盤研究・人材育成プログラム」のセミナーが行われ、福島第一の後始末にかかわる「中長期ロードマップ」を意識したワークショップが、学会および東電幹部の出席のもとに行われた。（注38）

なお、資源エネルギー庁は、「原子力海外建設人材育成委託事業」を実施し、トルコへの原発輸出のための業務を日本原電に委託したが、その目的に掲げたのは、やはり「人材育成」である。（注39）

このように、いろいろな機会を捉えて、政府および学会は「人材育成」を唱えている。そして、「人材育成」をしなければ、福島第一の後始末も、今後予想される約五〇基の原発廃炉計画も、そしていずれはやってくる六ヶ所核燃料再処理施設や高速増殖炉〈もんじゅ〉の廃炉も実現できないという考え方に立って種々の施策を行っている。

ここでは、福島第一の後始末も、事故を起こすことなく停止した原子炉の廃炉も、その実施にあたって従来の原子炉工学に特化した「人材育成」は必要ないことを論じたい。

(2) 「廃炉」に必要な技術

原子力プラントの設計・運転のためには、装置目的を完遂するためのプロセス設計や装置設計などの原子力工学の知見が必要であることは論を待たない。しかし、「廃炉」は、建設工事の逆工程を行うものであるから、核物質残渣が放出するエネルギーによる発熱・爆発や労働者被ばくを防止するという意味でのその分野の知識は必要であるが、運転中や事故時の操作のように核反応や核制御の知見は不要である。したがって、困難なことはできるだけ空間的にも時間的にも分散させて取り扱うように工程を計画すればよい。

　そのように考えると、新規建設がなくなって廃炉業務だけがあるという社会になれば、土木建築における建造物の解体工事と機器・配管などの解体撤去、作業者の被ばくを避けながら放射性物質を移動する遠隔操作の装置やロボットを開発することが主要業務になる。これらの技術は、従来の原子力工学分野のものではなくて、土木・建築工学や機械工学・精密機械、制御工学、電気・電子工学といった基本的な汎用工学技術をベースにして、今後分野を問わず開発、習熟していくべきものである。そういう意味で、「廃炉のために、原子力技術専門家の人材育成」ということは、技術内容の裏付けに乏しいスローガンである。

　今後、業務の中心となるのは、目前のプラントを与件として、放射性物質の飛散を最小限に抑えつつ、大量の労働者に対して一人ひとりの被ばくを最小限に保つように、解体工事を緻密な人員管理、スケジュール管理、安全管理の下に行うことである。これは熟練を要する現場管理業務であって、あ

注38　「廃止措置等基盤研究・人材育成プログラム」に関するワークショップ（第一回）　http://www.nr.titech.ac.jp/jp/events/data/2014/event141125.html

注39　資源エネルギー庁「平成二五年度　原子力海外建設人材育成委託事業」の企画競争による委託先の募集について」二〇一三年六月一〇日　http://www.enecho.meti.go.jp/appli/public_offer/130610a/

表 4-2　エンジニアリング 3 社の従業員 1 人あたり売上額
（2017 年 3 月期実績。各社連結の数値）

	売上額	従業員数	平均売上額
千代田化工建設	6,037 億円	5,367 人	
東洋エンジニアリング	4,319 億円	4,287 人	
日揮	6,932 億円	7,554 人	
合計	17,288 億円	17,208 人	約 1 億円／人

らかじめ大学などで学ぶことはできない。現場の実務に従事しながらの訓練（On-the-job Training）によって身につけていくほかはない。そして、数千億円規模の工事を施工しているエンジニアリング業界や建設業界の各社がすでに行っている日常業務に共通している事柄であり、廃炉作業のみに特異なわけではない。もとより、廃炉作業には大勢の作業員が必要となり、それぞれの人に放射線防護の教育は必要であるが、これらはアカデミックな従来の原子力工学ではなく、現場習熟型の経験科学に立脚した技術が主流となる。

(3)　ビジネスの規模

次に、廃炉技術を一つの分野として、大勢の技術者に生涯の仕事としてやってもらうだけの仕事量が、果たして今後の日本社会にあるかどうかを考えてみよう。

五〇基の原発の廃炉の費用を仮定する。この単価については、小野善康氏が二〇〇七年の電気事業連合会が行った解体引当金の試算をもとに計算した一基あたりの費用を元に考える。（注40）廃炉期間も同資料に基づいて二五年間とする。今、単純化のために、廃炉単価を平均六〇〇億円とし、停止中の原発五〇基の廃炉を同時に着手するとすれば、総額三兆円であり、年平均一二〇〇億円となる。そのほかに、福島第一の後始末や六ヶ所再処理工場、高速増殖炉〈もんじゅ〉、その他の研究施設の解体に毎年同額掛かるとすると、年平均二四〇〇億円の事業費となる。

これらの事業に従事する専門技術を有する元請会社の技術者の数はどの程度必要であろうか。これを、専門技術をもってプラント建設を行っている業界の一人当たりの売上高を基準に考えてみる。

現在、石油化学プラント業界でエンジニアリング三社と言われる会社（千代田化工建設、東洋エンジニアリング、日揮）の二〇一六年三月期における連結売上額と人員の合計は、表4‐2の通りである。(注41)年間売上額を従業員数で割った一人当たりの売上額は約一億円である。そこで、年平均事業費二四〇〇億円を一人当たり売上額で割ると、それだけの仕事をこなすに必要な人員は約二四〇〇人となる。

これが廃炉業界で生きられる人数であり、しかも期間限定である。東芝、日立、三菱重工などの原発エンジニアリング会社が装置の解体業務を受注し、建屋解体の土建業務は大手ゼネコン五社で分けると、元請契約会社は合計八社となり、各社平均三〇〇人ということになる。

いま東電社内では、数士前会長が提唱して、すべての従業員が一度は福島勤務を経験するようにしているという。同様に三〇〇人規模の仕事であれば、原発エンジニアリング会社や土建会社の中でも、あまり担当技術者を固定せずに、ローテーションをしながらこの仕事をこなすことが、仕事の枯渇と被ばく労働の分散負担の配慮上望ましいと思われる。

以上、原子力委員会などで「人材育成」が声高に叫ばれ、政府が資金を支出して原子力工学科の振

注40　小野善康『エネルギー転換の経済効果』岩波ブックレット、二〇一三年、三六頁
注41　「Yahoo ファイナンス　企業情報」ほか　https://profile.yahoo.co.jp/consolidate/6330

興を図るようなセミナーが行われている現状は、実際の業務のありようを反映したものではない。一般の技術を身につけた多くの技術者に廃炉業務を分散することが社会的にも企業経営の上でも健全な選択である。

(4) 高校における人材育成

福島県は二〇一七年四月に、小高工業高校と小高商業高校を統合して、県立小高産業技術高校を発足させた。同校には、工業系と商業系にそれぞれ産業革新科(定員各四〇人)を新設した。工業系ではロボット制御のプログラミングや再生可能エネルギーのほか、放射線量の測定実習などを学ぶとしている。そして、文科省は高度な知識や技能を持つ職業人を育てる「スーパー・プロフェッショナル・ハイスクール」に県内で初めて指定したという。(注42)

その高校の立地環境である南相馬市小高区は、二〇一六年七月に避難指示が解除されたばかりで、住民の帰還率は一〇%にとどまっている(二〇一七年四月)。全校生徒定員数は六八〇人のところ、入学数は約七三%の五〇三人にとどまり、産業革新科の生徒数も八〇%にとどまっている。そもそも、十代の若者をわざわざ放射線量の高い地域で教育するという姿勢は正しい判断とは言えないと思う。(注43)

福島県内ではほかにも廃炉に携わる人材育成に向けた取り組みが行われている。いわき市の福島高専では放射線の知識をもとに、線量が高い原子炉の中を調査するロボットの開発に取り組んでいる。福島市の福島大学は二〇一七年度から、福島第一原発の廃炉現場の視察を課外授業として行い、廃炉事業に携わる技術者や行政職員を育てる狙いだという。(注44)

現在の事故現場で質の高い労働者が払底している理由は、事故前から現場で働いていた熟練労働者たちが被ばく限度に達して退域を余儀なくされたからである。したがって、新たな熟練労働者を養成して高被ばく環境に送り込むというのではなくて、前述のとおり、当面は必要最小限の作業にとどめ、一〇〇年以上隔離管理して放射線環境が低減するのを待ってから作業を再開するという計画に変更するべきである。そうでなければ、せっかくの専門技術者も消耗品のように短期間しか働けない結果になるだけである。

5　ゾンビ企業延命の弊害

(1)　チッソの場合

チッソ株式会社水俣工場は、メチル水銀を含む廃液を処理しないまま海へ垂れ流したため水俣病を発生させた。排出されたメチル水銀化合物の総量は七〇～一五〇トンといわれている。患者の数は膨大で、一九七四年に死者は一〇〇人を数え、現在まで認定患者数は約三〇〇〇人、認定申請を棄却さ

注42　「福島県立小高産業技術高開校　被災地復興足元から　最先端ロボット技術学ぶ」『北海道新聞』二〇一七年五月一三日

注43　避難解除の基準である被ばく基準量二〇mSv／yは、IAEA基準のうち、「非常時」の基準であって、その場所で日常生活を強いるのは非人道的行為である。

注44　前掲『北海道新聞』

れた患者数は約二万人、潜在患者数は約二〇万人と言われている。(注45) しかも、この病気発生以降、チッソはさまざまに原因の隠ぺいを行い、企業も政府も学会もチッソの廃液が原因であることを否認して対策をとらなかったために、ますます被害が拡大した。

水俣病の原因がチッソにあることが明らかになってから、チッソの経常利益額に対して補償金支払い額が多いことの対策として、政府は熊本県に県債を発行させて金融支援をすることにした。その結果、一九七八年末から一九八六年七月までの金融支援は三八一億円に達した。補償金に占めるチッソ独自の支払額はわずか一三%に過ぎない。(注46)

これについては、さまざまな問題が指摘されている。第一に、犯罪企業を政府と県が援助しているという、およそ法の精神を踏みにじった不正義である。第二に、経済的に破綻した企業を公的機関が援助することによる、株式会社の経営責任原則に反するモラル・ハザードである。加えて福島原発事業の被害補償においては加害企業である東電が賠償額を査定している。経済的に自立できないけれども無理に生かされている企業を「ゾンビ企業」という。なぜ、このゾンビ企業を政府は支援しているのか。当時しきりに言われていたことは、「チッソが破綻してしまうと補償業務実施を政府が直接行わなければならなくなる。事務作業のみならず、責任追及の矢面に立たざるをえなくなる。官僚組織は、その責任から逃れるために、チッソを矢面に立たせておいて、体面を保とうとしている」ということであった。

その結果、企業内にどのような空気が流れたかを、筆者は石油化学関連業界のひとりとして仄聞することがあった。チッソは実質的に県債によって命脈を保っているとはいえ、補償金支払い義務を免除されたわけではない。したがって利益が上がれば、大部分を補償金支払いに充当しなければならない。つまり、ひとつの企業として利益を挙げ、社員にボーナスを弾み、あるいは内部留保を積み上げて新たな企業展開のために設備投資するなどの積極的発展策を望めない。当然、企業内の取締役会の上に政府や県の監督者が目を光らせている。結果として、企業内で働いている社員たちにとっては「つぶれないけれども明るい将来を望めない会社」であり、働く意欲が減退する。もちろん、良い人材は抜けて行って、内側から組織全体が弱体化する。

つまり、破綻した企業を無理に資金注入してゾンビ企業として活かしておくことは、社員にとっても政府や地元自治体にとっても決して良い結果をもたらさない。そもそも罪を犯して補償金支払いが負担能力を超えた企業は、有り金残らず差し出して破綻処理することが有限責任を旨とする株式会社制度の本来的な姿であり、そこで働く社員にとっても望ましいことである。

(2)　新たな民業圧迫

東電が福島原発事故を起こした時点での補償金支払い能力は、新たな銀行融資を求めなければ不可能なレベルにあった。したがって、経済原則に従えば破綻処理が本筋であった(注47)。しかし、現実は水俣

注45　佐藤嘉幸・田口卓臣『脱原発の哲学』人文書院、二〇一六年、二二九頁
注46　佐藤・田口、前掲書、三四〇頁
注47　古賀茂明『日本中枢の崩壊』講談社、二〇一一年、三五九頁、金子勝『原発は火力より高い』岩波ブックレット、二〇一三年、二七頁

病発覚後のチッソと同じ経過をたどって政府は財政援助をし、東電をゾンビ企業として生きながらえさせている。それは、三兆円ほどの銀行債権を反故にすることを避けて、銀行の富を守るためであった。その結果、モラル・ハザードを来し、銀行の投資責任を不問に付して、むしろ政府が損失補填をする立場に立った。事故に直面したときの首相であった菅直人氏は、二〇一六年秋の国会議員会館で行われた「原発ゼロの会」の会合で、「当時は何とか事故対応してもらう人材を確保するために、東電の解体を決断することができなかった」と述懐しておられた。「しかし、今なら体制も整っているので改めて東電を破綻処理すべきだ」と、同席した有識者たちが異口同音に述べた。

現在、東電には廃炉費用と賠償費用を捻出する仕組みができつつある。二〇一七年二月に閣議決定した原子力損害賠償・廃炉等支援機構法の改正案で、東電は約三〇年にわたり八兆円の廃炉費用を負担することになった。そのためには今後三〇年間、年平均三〇〇〇億円を積み立てねばならない。加えて被害者賠償、除染、瓦礫や使用済み核燃料の中間貯蔵費用の一部で一六兆五〇〇〇億円を東電が負担しなければならない。それらの理由で、東電は向こう三〇年間にわたって年間五〇〇〇億円を払い続けることになる。(注48) それだけの利益を出すことは健全な会社でも容易ではない。

二〇一七年六月二三日の株主総会で就任した川村隆会長と小早川社長は、柏崎刈羽原発の再稼働を急いで利益を出すことを目指すと述べた。(注49) そうなると、被災者は東電に賠償金を払ってもらうためには、原発を動かして儲けてもらわなければならない。さらに東電は原発の稼働率を上げるために自由市場を妨害して新規参入をめざす再生可能エネルギーによる発電会社を妨害する方向に働くはずである。政府も公金の垂れ流しを防ごうとすれば、そういう東電を応援する側に回るであろう。つまり事故前と変わらない国策民営の原発再稼働路線を歩むことになる。

その連鎖は断ち切らねば、日本のエネルギー市場は再度ガラパゴス化の道を突き進むことになる。東電を破綻処理して解体し、福島の後始末は現在の福島第一廃炉推進カンパニーを公社化して原子力損害賠償・廃炉等支援機構の管理下に置き、東芝などの廃炉に長けた会社を元請として事故現場の後始末に専念させるのが良いはずである。そして、発電会社あるいは電力販売会社としての東電は、自由市場の中で公平な一電力会社として競争場裏に生きるような扱いにすべきである。現在のように電力料金の中に、廃炉費用や賠償費用を潜り込ませるような不透明な扱いはやめるべきである。

(3)　現場管理における齟齬

現在の体制では、福島原発事故サイトの後始末業務においてもきわめて不都合な事態が発生している。業務管理組織の構成が質・量ともに業務の実態に合致していない。

現在、福島原発事故サイトが必要とするのは、健全な原発の建設や保全工事ではない。圧倒的な大規模破壊を被って、人を寄せ付けない高線量を放射し続けている残骸の後始末である。一歩処理を誤ると周辺に殺人レベルの放射能を撒き散らす恐れのある燃料デブリや使用済み核燃料が大量に溜め込まれた現場である。この後始末の仕事の項目を列挙すると表４‐３のようになる。(注50)

注48　大西康之『東芝原子力敗戦』文藝春秋、二〇一七年、二一九頁および二二五頁
注49　「柏崎再稼働をめざす」『日本経済新聞』二〇一七年六月二四日
注50　廃炉対策推進会議「中長期ロードマップ」二〇一三年六月二七日改訂版を参考に記載

表 4-3　事故の前後の仕事の質と量の比較

	仕事の質	仕事の項目
事故前	定常業務	原発運転 保守管理 定期点検
事故後	非定常業務	事故結果調査、放射性物質放散モニタリング 溶融燃料冷却循環、汚染水処理 滞留水処理、海洋汚染防止、地下水流入防止 敷地内放射性ガレキ処理、除染 建屋カバー 使用済み燃料プールからの燃料取り出し 燃料デブリ取り出し計画 固体廃棄物の保管・処理計画 要員計画、被ばく労働管理、作業安全管理 対外広報、設備変更許認可申請

ざっと一覧するだけでも、事故前の定常業務の五倍を下らない作業量が予想される。しかし、東電の経営者は、通常の建設保全業務や、事故を起こさずに廃炉に至った原発の処理業務の一環のように捉えていて、メルトダウン事故の後始末という質量ともにまったく別次元の大規模プロジェクトであることを認識しているようには見えない。

事故の後始末という非常時なのに、通常時の建設保全工事のような定常的な元請会社四〇社への分割発注体制から脱却できていない。そのために、事故直後から指摘されていた地下水流入への対策に後れをとり、現場の傾いたタンクから汚染水がオーバーフローしても、東電社員は臨機応変に作業員に指示することなく、単純ミスを繰り返してきた。

(4)　東電の破綻処理と新しい管理組織の必要性

原発事故処理の現場業務は、原発の建設業務よりも巨大なプロジェクトであり、定期的なメンテナンス業務より過酷な被ばく環境にある。その業務の膨大さと複雑さを考えると、従来の電力会社および元請会社の技術スタッフでは量的にも質的にも賄うことができない。これはどの会社が直面してもむずかしい業務である。それを東電一社の現有勢力の業務内で処理させ、しかも私企業として利益追求も並行して行わせるという二律背反の要請を加えていては、とうてい事故処理の完遂はおぼつかない。東電を破綻処理し、事故処理専門の組織を作り、政府、産業界、学界からも総力を挙げて結集する体制を作って、今後の長い後始末作業に取り組まなければならない。

現場作業を担う労働者の雇用システムも抜本的に改善しなければならない。多重下請など、今まで問題視されて来た事柄に、ほとんど改善が見られない。この問題も原発特有のこととして、正面から取り組まなければならない。

第５章　迷惑産業と地域社会

1　迷惑産業の特異な性格

各県へ避難した被災者たちがそれぞれの地方裁判所に提訴した「福島第一原発事故損害賠償請求事件」の訴訟において、福島第一原発を襲った津波が予見可能であったかどうかが争われている。被告国側はそのような高い津波は予見不可能であって、それに備えをしていなかったことは過失にあたらない、あの津波は想定外のものであり、原発事故は不可抗力の天災であった、したがって政府には賠償責任がない、と主張している。

津波対策をしていなかったことに対しては、原子力工学を専門とする岡本孝司氏や山口彰氏が被告国側証人に立ち、その意見書において、「原子力発電所の安全対策といっても、投入できる資源や資金にも限りがあるのですから、ありとあらゆる事態を想定したアクシデントマネジメントを行うというのは工学的な考え方としてあり得ない」、また「リソースが有限である中で安全対策を考える以上、余計な設備を増やすことによって、かえって施設全体の安全性に不当なリスクが生じる可能性がある」(注1)などと述べて、実際より低い津波想定のシミュレーションとそれに基づいた設計を正しいとしている。

この態度は、一般産業プラントにおける安全対策の設計姿勢としては適当であるかもしれない。しかし、原子力プラントにおいては無責任な結果に陥る。原子力プラントの事故被害は天文学的な規模になり、安全対策には絶対に過小評価にならない配慮が必要である。いったん事故が発生した場合は、一般産業プラントにおいては、事業者は自費であれ保険金であれ、事故被害賠償額の全額をその責任において完済する。しかし、原子力事業者はその責任を免れている。したがって、そのような、いわゆる一般産業プラントの工学上の常識を原子力プラントに持ち込むことは、社会的整合性を失ったものになる。以下、そのことについて説明する。

⑴　原子力プラントの特異な危険性

一般産業プラントにおいては、一定の確率で事故が発生しても、それによる市民への被害は限定されている。しかし、原発の場合には、第三者である市民への被害が膨大であるにもかかわらず、その損害を緩和する社会的システムが欠落している。そのことは、福島原発事故から六年を経過した時点（二〇一七年三月）でも福島県民の避難者が八万人に上っているという一事を見ても明らかである。（注２）

一般産業プラントの災害の例として、石油プラントの火災の事例を述べる。二〇一一年三月一一日の東日本大震災の夜、テレビで大きく報道されたのは、赤々と燃えるコスモ石油千葉製油所の球形タンク群であった。同製油所の球形タンクは、不幸にも水張り試験中で、設計条件以上の荷重がタンクの支柱にかかっているところを大地震に直撃されて、支柱が折れたために落下し、ＬＰＧ配管を折損して火災が発生し、それが一七基の球形タンクの火災に発展したのである（図５-１）。タンクや配管から漏れた燃料は、一〇日間燃え続けた後に自然鎮火した。製油所はもともと燃料を扱うプラントで

注１　神奈川被害者訴訟の国側弁護団準備書面（一三）、三八～三九頁
注２　『朝日新聞』二〇一七年三月二六日

図 5-1　球形タンク群の火災

作画：佐藤和宏

あるから、いったん火が広がると人力では消火がほぼ不可能である。その上、気化した燃料に着火すると大爆発が起こるので、人間が近寄ることはきわめて危険である。したがって、製油所で火災が発生した場合には、初期消火に失敗したら遠回しに延焼防止の警戒をするだけで、その後数日間は燃え尽きるのを待つだけである。火災の結果としては、設備被害は大きくても周辺の一般市民にはほとんど被害を及ぼさない。

　他方、原発においては、いったん核燃料の冷却水が失われてメルトダウンが発生し、格納容器の破損に至った場合は、放射性物質の外部放出が避けられない。それを食い止めるためには、冷却水喪失事故が発生すると同時に、運転員たちが大車輪で働いて、格納容器破損の直前に必ず冷却に成功しなければならない。これはきわめて過酷な超人的働きを要する。けれども、原発事業者らは、これを必ず完遂するというシナリオを設置変更許可申請書に書いて約束し、国の原子力規制当局もそれを承認している。福島事故以前には、メルトダウンは必ず未然に防止すると約束していた。メルトダウン事故は福島事故で実際に起こった。その後、現場では強い放射線を浴びながら、ガレキを片づけ、消防車を運転し、電源車を移動および接続する、といった過酷な業務が行われたが、その効果は限定的であった。このような作業を強行したとしても放射能の拡散は防ぐことができなかった。しかも、事故拡大は僥倖によって小規模にとどまったが、場合によっては首都圏も避難区域になる可能性があった。

原発のメルトダウンは巨大な被害をもたらすものであり、規制当局が格納容器機能喪失の発生頻度の性能目標を一〇万年に一度と要求していることは当然である。これは一般産業プラントがその種の事故確率の制限を規定しないで、万一起こっても社会的な回復措置を定めることによって受容されているのとは雲泥の差がある。

(2)　社会的整合性の欠如

①　一般産業設備の賠償責任と保険制度

一般の産業設備、たとえば石油プラントにおいては、保険金の額と事故リスク回避のための投資とを一つの財布の中で比較考量し、もっとも費用が少なくなるような折り合い点を求める。このような方法を自発的に見出させるように社会的経済的ルールが機能している。そのことは、図５‐２で説明される。

安全対策費用を過大に投資すれば、保険費用は安くなるが、全体的に不経済になる。一方、安全

図5-2　安全対策費用と保険費用のバランス

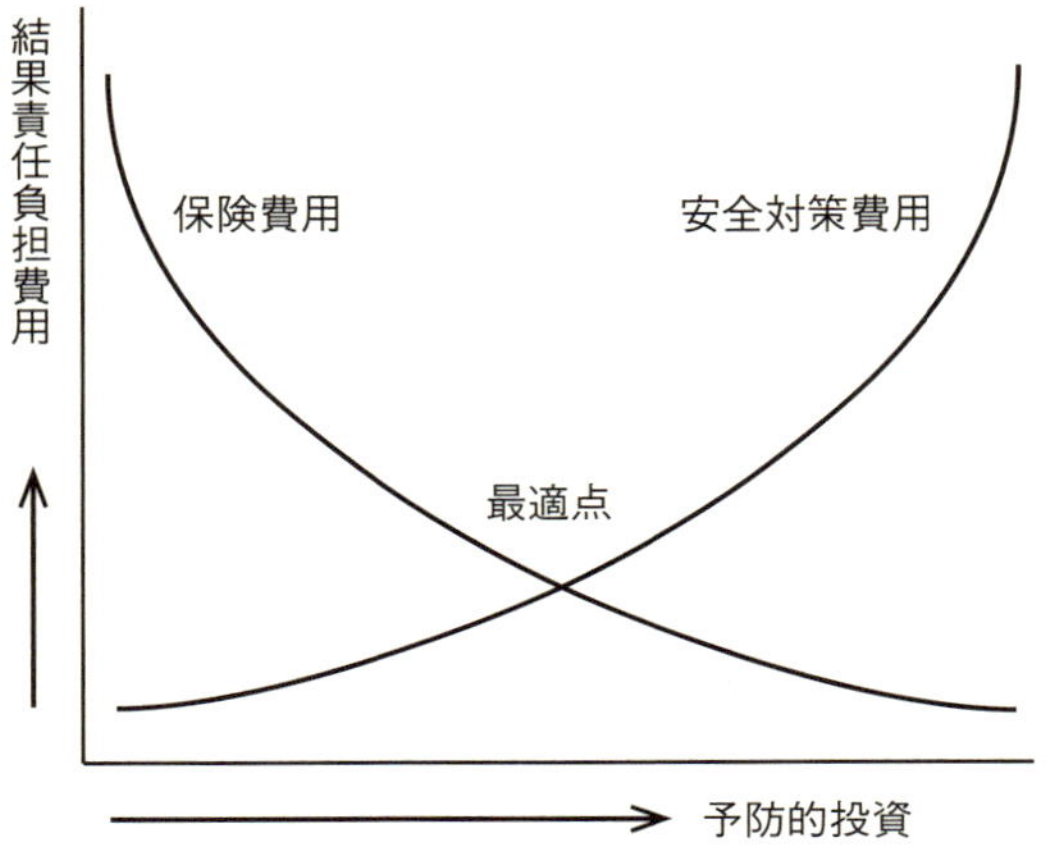

対策費用を極端に減らせば、保険費用が高くなって、全体的に不経済である。したがって、費用合計がもっとも小さくなる最適点がおのずから決定される。ところが、賠償費用を事業者が負担しない場合は、事業者は安全対策費用を最小にするようなインセンティブが働く。

② 賠償責任免除のゆがみ

原発の最大の問題は、事業者の賠償責任が実質的に免除されていることである。賠償額の上限を一二〇〇億円と決めて、その金額までの保険を掛けてはいるが、その金額は必要額の一〇〇分の一か一〇〇〇分の一以下であって、実質的に責任を果たすことにはならない。

現行の法体系では、その賠償責任を政府が肩代わりすることになっている。したがって、現行制度の下では電力会社は安全投資をゼロにした方が合理的である。福島原発の場合、一五メートルを超える津波想定が経営者たちに報告されていたが、その対策を行わずに、確率論の議論で片づけた。対策を軽視したのは、そのような企業論理のゆがみが働いた必然の結果である。

(3) リスク評価の限定的性格

① 「安全目標」について

二〇一五年四月の鹿児島地裁における「川内原発稼働等差止仮処分申立事件決定」には、その内容として「炉心損傷頻度が一万年に一回程度に、格納容器機能喪失頻度が十万年に一回程度に抑制され、さらに事故時におけるセシウム１３７の放出量が一〇〇テラベクレルを超えるような事故の発生頻度を百万年に一回程度を超えないように（テロ等によるものを除く）」という文言が引用されている。(注3) この安全目標は、二〇〇三年に原子力安全委員会安全目標専門部会が「安全目標に関する調査審議状況の中間とりまとめ」として発表したものであり、テロ等の扱いはその解説に「産業破壊活動等の意図的な人為事象によるリスクについては、安全目標の対象外としている」と記載してあることによる。(注4)

規制審査の現実を見ると、固定した設備の内容についての審査に重点がおかれて、人間活動や組織の機能などについては、評価が手薄と思われる。さらに意図的な破壊活動に至っては評価が困難であることは理解できる。しかし、現実に社会に実装された設備にとってのリスクは評価の可否とは関係なく存在する。むしろ、近年はテロ等によるリスクが高まっており、新規制基準および審査ガイドの中にテロ対策を盛り込むようになった。この点が原発の最も弱いリンクになる可能性もあり、上記の

注３　「川内原発稼働等差止仮処分申立事件　決定」鹿児島地方裁判所、二〇一五年四月二二日、八四頁
注４　「安全目標に関する調査審議状況の中間とりまとめ」解説七、一八頁　http://www.meti.go.jp/committee/sougouenergy/genshiryoku/risk/013_02_00j.pdf

鹿児島地裁の決定は社会の現実を反映していないと言えよう。

②「確率論的リスク評価」について

前述の岡本氏の初回の意見書は、原子力工学において安全対策は相対的なリスク評価を行い、有限な資源をその優先順位に基づいて配分していくこと、人間が物を作っていくのだから一〇〇％絶対的な安全性はないこと、安全寄りに設定された設計想定といえども、これを上回る事態が絶対に発生しないと言えるものではない、と述べている。そのことは筆者も同意する。問題は、その想定した事故確率が著しく過小評価になっていることである。そして、事業者がその経済的負担をし、かつ前記(2)項でのべたように結果責任を免れている場合には、過小評価する誘因が大きく、歯止めがかからないということである。

事故確率の予測はさまざまな推論や仮定のもとに算出されたものであって、主観的、恣意的な前提でなされているのが実態である。たとえば、福島事故のような過酷事故が起こる確率は、原発一基あたり「一〇〇万年に一度」と評価されてきた。世界中におよそ四〇〇基の原発が運転されてきたから、この確率評価によれば、過酷事故は「二五〇〇年に一度」起こるという計算になる（一〇〇万÷四〇〇＝二五〇〇）。ところが実際には、過去五〇年の歴史の中で、スリーマイル島、チェルノブイリ、福島の三基で、都合五基が過酷事故を起こしている。つまり、実態は「一〇年に一度」である。(注5)人間の社会的行為の中で、結果責任を負わない事業者がいくら善意を強調しても、二桁もリスクを過小評価してしまうことが実態として白日の下にさらされたのである。

(4) 公害規制からの除外

放射性物質は、環境汚染に対して強い影響を及ぼす毒物である。高度経済成長期の日本で公害が激化し、大気汚染防止法や水質汚濁防止法が制定され、政府、地方自治体に担当部署が設けられて、規制が励行されるようになった。しかし、放射性物質については別途に規定するとしながら、法制化されてはいない。

公害規制の要件の中でもっとも重要な項目は総量規制である。濃度規制はその次に位置する。総量規制に相当する概念としては立地審査指針に規定されている数値がある。それによると全身に対する被ばく線量が二五〇ミリシーベルトであった。福島原発事故では事故後一年間で最大一一九〇ミリシーベルトに達し、一桁多く超えていた。(注６) 原子力規制委員会は立地指針を棚上げして、事実上不適用にしてしまった。一九七〇年ころに多大な犠牲を経たのちに社会が確立した公害規制の概念を反故にしてしまったわけである。

2　償いはどうしたら可能か

福島県の原発事故被害者の方たちは、単に生活上、経済上のことばかりでなく、精神的にも苦しん

注５　原子力市民委員会『原発ゼロ社会への道二〇一四』一三九頁
注６　滝谷紘一「立地評価をしない原子力規制の新基準」『科学』Vol.八三、No.六、六一五頁

でいる。賠償が正当になされていないということもあるが、仮に経済的な賠償を受けたとしても納得感が得られないという点に問題がある。

その点を整理してみたい。

(1) 事故被害の三類型

事故や過失によって人に損害を与えたり、傷つけた場合、被害者たちが失ったものをそっくり回復することはできない。そのために損害賠償によって埋め合わせをする。事故や過失には大小さまざまなタイプがあるが、それを大まかに三つの類型に整理してみたい。

タイプ１　自動車事故の場合
タイプ２　一般産業プラントの火災や爆発の場合
タイプ３　原発事故の場合

以下にそれぞれのタイプの特徴と、賠償の仕方および被害者の納得感について考える。

(2) 自動車事故の場合

自動車事故は毎日発生し、さまざまな統計データも整備されている。それらをもとに、被害の程度を算定し、それを金銭の多寡に換算して、標準的な賠償額が定められ、多くはその賠償額で示談が成立している。その賠償額を前提に自動車の所有者あるいは運転者は保険契約を行って、万一の場合に備える。

保険契約には詳細にわたる賠償範囲の規定がなされている。しかし、個別に見れば、人の生命や怪我が、その賠償金額に釣り合うかどうかを判定することはむずかしい。だが、多くの人がその賠償額を受け入れている。それは、あらかじめ条件が明示されていることと、だれもが被害者にも加害者にもなる場合があるという、いわば互酬性が成立していて、いずれの当事者も、自分が一方的な不利益に貶められていると考えなくて済むという関係がある。これが納得感の源泉である。

(3)　一般産業プラントの火災や爆発

たとえば、石油化学プラントなどは可燃性の液体やガスを大量に扱っていて、ほぼ毎年日本のどこかのコンビナートで大規模な火災や爆発事故が発生している。これらのプラントの所有者は、その種の事故によってプラントが失われることに対する金銭的な回復手段として火災保険を掛けているし、周辺の第三者に損害を与えた場合の賠償に備えて施設所有者管理者賠償保険を掛けるのが普通である。

これらの保険も、多くの損害事例が豊富にあり、保険金や賠償金の算定根拠もあらかじめ詳細に規定されている。プラント周辺に居住して巻き添えの被害を受けた人が、損害賠償を受ける場合に、被害者と加害者の立場が入れ替わる可能性はないが、多数の類似の被害事例を参照することによって、損害賠償金を不公平と感じることはほとんどないであろう。また現実には、大量の可燃物を扱うプラントの立地区域はコンビナート地区として、住宅地区とは一定の離隔距離を設けていることが多いので、たとえば火災が住宅地に延焼して、大規模な火災になるようなことはほとんどない。つまり、巻き添えの被害を受ける人々の数は限られている。したがって、賠償金の支払いに困難をきたすといった事例は、歴史的な大規模な公害を除けば、ほとんどない。

(4) 原発事故の場合

原発事故の場合は、被害規模が莫大である。福島原発事故によって放射能の拡散は関東地方全域を越え、静岡県の茶やキノコ類にまで放射能汚染が広がった。つまり、少なくとも日本の人口の半分は放射能汚染を被った。地元福島県からは、最大一六万四八六五人（二〇一二年五月）が避難し、二〇一七年二月現在でも約八万人が避難している。(注7) 生活を基盤ごと失った人びとの損害賠償をまともに考えたら、五〇兆～一〇〇兆円といった規模の金額が必要になる。

一方、これらの金額を支払うための保険を引き受ける保険会社はない。電力会社は原子力損害賠償保険法の規定に従って、賠償措置額一二〇〇億円を支払うだけで、残りは一切政府が支払うことになっている。

原発事故の被害規模はあまりに巨大で、前述の自動車事故や一般産業プラントの事故のように被害者も納得するような賠償を実施することはできない。そこで、不備を糊塗するため、さまざまな論理が駆使される。

① 原発は、きわめて安全に作られている。そのための政府の原子力規制員会による事前審査も行

われている。事故が起こったのは、「想定外の天災（津波）によるものである」。これは天災だから、不可抗力であって、政府にも、原発を運転した電力会社にも責任はない。

②　原発は、資源小国日本がエネルギー安全保障のために必要やむを得ず推進した国策に基づくものである。この政策を遂行したのは国会の議決を経た国民の総意に基づくものである。不幸にして被害に遭ったとしても、それは戦役に従事した人が死亡したと同じく、受忍する義務がある。

①の論理は、原発の被災者訴訟においても、元東電役員たちの刑事責任訴訟においても、津波対策の不作為だけが責任の対象として論議されている現実に反映されている。すでに述べた自動車事故や一般産業プラントの事故の賠償は、結果として発生した被害の多寡に基づいて行われ、原因者が善良な管理者としての義務を果たしていたか否かは大きな問題とはされない。したがって、道路交通法に基づく自動車運転免許制度や高圧ガス保安法による規制はあるが、原子力規制委員会が行うような詳細な審査は行われない。原子力規制をきちんとしているから原発は安全であり、それでも事故が起こったら、それは不運な不可抗力であるから、国民は受忍すべきだというのが政府と電力会社の論理である。

しかし、原子力規制委員会の審査が完全だという建前は、実際には実現不可能である。設計情報や管理情報は電力会社が選択して規制委員会に提出する。情報は上流が隠せば下流は知りようがな

注７　ＮＨＫ「震災・原発事故から六年　データでみる福島の復興」 http://www.nhk.or.jp/d-navi/link/2017fukushima/

い。そして、そのような隠蔽や事故隠しの例は枚挙にいとまがない。原子力規制委員会の文書にはしばしば「市民への透明性」という言葉が繰り返されている。しかし、審査書類は「白抜き」「黒塗り」のオンパレードで、肝心のところは隠されている。理由は、企業秘密だというが、既存の古いプラント情報に企業秘密があるなどとは信じられない。そして、田中俊一委員長も「審査を合格したからと言って安全とは申し上げません」と言っている。賠償責任は結果責任で判定する以外に方法はない。

②の論理が罷り通るのは、政府および電力会社が地元自治体に対して日ごろから強い支配力を及ぼしている実態があるからである。地元住民に対して従来なかった雇用機会を提供し、かつては農閑期に出稼ぎに行っていた人たちに地元で雇用機会を提供した。また、電源三法交付金や固定資産税などを通じて、地元自治体の財政にまとまった収入をもたらし、地元自治体に隠然たる政治的支配力を発揮することになった。

とりわけ、地元自治体の首長たちは、まとまったお金を得て、従来なかったような施設建設が可能になるので、一般住民よりさらに緊密に中央政府や電力会社と結びつくようになる。その結果、地元住民は政府や事業者に従属的な気分にさせられ、対等な立場で賠償を求める気持ちが殺がれ、またそのような扱いを受ける。たとえば、次のような事例があった。

・原発事故由来の放射性微粒子がゴルフ場に沈着し、ゴルフコースからは毎時二〜三マイクロシーベルトの高い放射線が検出されるようになった。ゴルフ場が東電に除染を求めたところ、東電は裁判所への答弁書の中で次のように答えた。放射性物質は「もともと無主物であったと考えるのが実態に即している」、「所有権を観念しうるとしても、すでにその放射性物質はゴルフ場の土地に附合しているはずである。つまり、債務者（東電）が放射性物質を所有しているわけではない」と。

裁判所は東電に除染を求めたゴルフ場の訴えを退けた。そして、「除染の方法や廃棄物の処理の具体的なあり方が確立していない現状で除染を命じると、国等の施策、法の規定、趣旨等に抵触するおそれがある」とした。[注8] 国が不誠実であるから訴えたのに、「国がやってくれるまでおとなしく待て」といったのである。このゴルフ場は閉鎖を余儀なくされた。国が後始末にそれほど誠意を持っていないことには多数の事例がある。原発を推進している国側に裁判所が忖度したのである。

・二〇一二年六月に「原発事故子ども・被災者支援法」が成立し施行された。その実施を託されたのは復興庁であり、その中心となる担当者は水野靖之参事官であった。かれのツイートには、被災者のために有意義な働きをしようという姿勢や使命感は見られず、面倒な仕事を先送りしてその場を取り繕っているだけに受け取られる。[注9] その後彼は三〇日の停職処分を受けて更迭されたが、肝心の「原発事故子ども・被災者支援法」は機能しないまま放置されて今日に至っている。つまり、政府全体が水野氏と同じ性向と考えられる。

・東京電力が事故直後に被災者たちに配った賠償請求用の書類は、請求書が約六〇頁、案内冊子が約一六〇頁という分厚いもので、普通の人が記入するには困難なものであった。[注10] その上、それを

注８　「無主物の責任」『プロメテウスの罠』第一巻、学研パブリッシング、二〇一二年、一一四頁

注９　復興庁　水野靖久参事官の主なツイート　https://togetter.com/li/516870?page=5

受け止める窓口はきわめて不親切であり、事務処理に怠慢であった。その結果、いまでも多くの弁護士がＡＤＲ（裁判外紛争解決）の手続きのために、ボランティア活動を余儀なくされている。

そもそも、加害者が被害者の賠償請求を査定するというシステム自体が公平性を無視したものである。東電は、国策受託者であり、審判者であるという高い立場を享受している。

・福島県から他県へ自主避難した母子家庭に対して、受け入れ自治体は都営住宅や県営住宅を提供していた。それらの住宅は取り壊し寸前の老朽化したもので風呂もろくに入れないといった粗悪なものもあった。それも、二〇一七年三月に支援が打ち切られるケースが少なくなく、実質上生活が困難になった。地方自治体によっては二〇一九年まで独自に支援を約束したところもあるが、千葉県などは好意的でない。好意的でない自治体は、帰還促進を望む福島県の意向を慮っているようである。(注11)

(5)「一言謝罪を述べてくれれば」

被災者の方々は、満足な賠償も受けられず、無理な帰還政策を押し付けられて、高被ばく線量の町に帰還を迫られた。加害者である政府と電力会社が、あれこれ指図してそれに従わない被災者を経済的困窮に追いやっている。

もっとも典型的なのは、二〇一七年三月末に避難指示解除が行われた浪江町と富岡町で三カ月後の六月末における帰還率は、それぞれ一・五％と一・八％である。(注12) これほど政府や自治体の施策と当事者たる地元住民たちの意向が乖離した政策を強行していることは異常としか言いようがない。ここには、国策という権力意識に毒された為政者たちの横暴があるのではなかろうか。

他方、被災当事者たちは精神的に苦しんでいる。経済的に不利益を受けているだけではない。たとえ賠償金額を十分に支払われたとしても、故郷における三世代同居の穏やかな暮らしやそのほかの無形の価値が失われたことの喪失感である。それらを戻せといっても、交通事故で死んだ家族の命を返せというのと同様に戻らないことは承知している。その場合に、諦めのきっかけを与えてくれるのは、加害者からの謝罪の一言である。今まで、政府や東電の責任ある人物はだれも心からの謝罪の言葉を被災者に向き合って述べていない。「一言謝罪を述べてくれれば」という切実な思いを福島の人びとから聞いた。

3　原発避難てんでんこ

(1)　中央政府が指示する避難計画の有効性

①　避難指示発出に要する時間

注10　東京電力「本賠償における請求書類の改善および賠償基準の一部見直しについて」二〇一三年一一月二四日　http://www.tepco.co.jp/comp/index2-j.html

注11　「『自主避難者に住宅支援を』四市民団体が県独自策を要望」『東京新聞』二〇一七年二月一六日　http://www.tokyo-np.co.jp/article/chiba/list/201702/CK2017021602000184.html

注12　「浪江・富岡町　帰還一％台」『日本経済新聞』二〇一七年七月一日（夕）

表 5-1　福島原発事故時の避難指示経過

3月11日	14:46	0:00	地震の発生
	15:42	0:56	東電、国に通報義務事態（電源喪失）発生を通報
	16:45	1:59	東電、国に緊急事態発生を通報
	19:03	4:17	国、緊急事態宣言
	19:45	4:59	同上発表「現時点では直ちに特別な行動を起こす必要はない」
	20:50	6:04	福島県、半径2km圏内に避難指示
	21:23	6:37	国、3km圏内に避難、10km圏内に屋内退避を指示
3月12日	5:44	14:58	10km圏内に避難指示拡大
	15:36	24:50	1号炉で水素爆発
	18:25	27:39	20km圏内に避難指示拡大
3月14日	11:01	68:15	3号炉で水素爆発
3月15日	6:14	87:28	4号炉で水素爆発
	11:00	92:14	20～30km圏内に屋内退避指示
	14:00	94:15	対象住民の避難完了

まとめ：末田一秀氏

福島原発事故のとき、政府が避難指示の第一報を出したのは二一時二三分であり、東電が保安院などに緊急事態（ECCS注水不能）を通報してから、四時間三八分が経過していた。その時は三キロ圏内の人びとに避難を指示したのみで、一〇キロ圏内の人々に避難指示を出したのは、さらに八時間余りが経過した翌朝早暁であった。二〇キロ圏内の人びとに避難指示を拡大したのは、最初の避難指示から一昼夜を経過した後であった。

② 欧米の政府機関の情報発表

事故の直後に、ニュージーランドの知人から、「日本は危ないからすぐにわが家へ避難して来なさい」というメールが入ってきた。アメリカ大使館が八〇キロ圏内の自国市民に避難を呼びかけたとか、ヨーロッパ諸国の政府や企業が自国市民を東京から関西へ避難させたとか、そのアクションはじつに素早く、日本政府が意図して自国民に情報を隠蔽しているのではないかという疑心さえ持たせた。

では、欧米諸国の政府はどの程度確実な情報を把握していて、あのような避難勧告を出したのであろうか。在ベルリンのジャーナリスト・梶村太一郎氏の記事を読んで、腑に落ちるところがあった。

日本時間の三月一二日未明三時一九分にドイツのレットゲン環境相が記者会見で「福島原発の三基で過酷事故の可能性が高い」と警告した。すなわちドイツ社会は地震発生から一二時間後、一号機で最初の水素爆発が起こる一二時間前に、極めて正確な政府予想情報を得ていたのである。後に環境省の原子炉安全委員会のザイラー氏にレットゲン氏の情報源について尋ねたが、返答は「基本的に稼働中の原発が電源を喪失した状態が長時間続き、回復が困難であることが確認できたからだ」と簡単明瞭であった。もし、このにべもないほどの判断を当時の日本政府が行い、直ちに情報として公表し広範な避難を実行できておれば、どれだけ多くの人々が余計な放射線被曝をまぬがれていたであろうかと、忸怩たる思いが未だに拭えない。(注13)

③　政府機関の情報伝達と実際上の口コミ

政府機関はそういうときのためにＳＰＥＥＤＩという放射能拡散予測システムを持っていたが生か

注13　梶村太一郎「核のゴミと民主主義」『世界』二〇一三年九月号、二〇八頁

さなかった。さらに、政府が出した避難指示も、地元自治体へＦＡＸで送ったが、自治体役場は津波対策と両方で混乱状態にあり、その情報を読む人もいなかった。

一方、地元住民のうち、東電や自治体の関係者やその縁者たちは、いち早く原発内の情報を得て避難してしまった。その後、周りの人びとは、東電や自治体の人びとの動きを観察していた方が良いと考えるようになったそうだ。

結局、政府や自治体の公式の指示に従った人々は、放射性の降下物を身に浴びながら避難をすることになった。双葉町の井戸川町長（当時）は次のように述べている。

最終的に私と役場職員が避難する時には、手に線量計を持って出た。そして三つの施設にバスを誘導して、一所懸命、声を枯らして施設にいた人たちを誘導していた頃に、爆発が起きた――。

それから間もなくですね。空から塵やらゴミが降ってきた。これはたぶん建物の中の断熱材ですね。大きいのから小さいのから、いろいろ降っていました。異様なもんですよ。普段空から降るようなものではないわけですから。それがふわーっと音もなく落ちてくるわけですよ。おそらく瓦礫やかけらとかは重いから、もっと原発の近くに落ちていると思いますね

私らのところには一〇センチメートルくらいの大きなかけらのようなものが落ちていました。ゆーっくりと舞い落ちる牡丹雪のようです（中略）。

塵が落ちてきたときにはいったん、建物の中に住民のみなさんを戻しました。塵やゴミが落ちるまで、室内に戻して待機させました。もう線量計の針は振り切れていました。

ある程度、（爆発由来の）ものが落ちたと判断した後、すぐに避難を再開しました。三施設の車、バスを使い、さらに自衛隊の車に乗って出発。ＳＰＥＥＤＩが示した風向きの方向に避難した車が進み、渋滞がはじまってしまったんです。（注14）

事故時の避難指示に使う予定で開発されたＳＰＥＥＤＩ（緊急時迅速放射能影響予測ネットワークシステム）が使用されずに、多くの人が放射能が濃い方向に避難した。ＳＰＥＥＤＩを使わなかった理由は、その上流に位置するＥＲＳＳ（緊急時対策支援システム）からの出力データを得られず、ＳＰＥＥＤＩが信頼できるデータを出せないから公表しなかったのだという。

④　ERSS／SPEEDIのバックアップシステム

ところが、一九九五年ころからＮＵＰＥＣ（原子力発電技術機構）で、ＥＲＳＳ／ＳＰＥＥＤＩが働かなかった時のバックアップシステムとして、ＰＢＳ（プラント事故挙動データベースシステム）を約一〇〇億円かけて開発し、備えていたという。（注15）さらに、このシステムの開発に当たった松野元氏は、「ＰＢＳがなくても、避難すべき方向、避難すべきでない方向や範囲、時間は予測できた」と証言している。（注16）さらに同氏は、「たとえＳＰＥＥＤＩが作動していなくても、私なら事故の規模を五秒で予測し

注14　井戸川克隆『なぜわたしは町民を埼玉に避難させたか』駒草出版、二〇一五年、四二頁
注15　烏賀陽弘道『福島第一原発メルトダウンまでの五〇年』明石書店、二〇一六年、二五八頁
注16　烏賀陽、前掲書、二六一頁

て、避難の警告を出せると思います。『過酷事故』の定義には『全電源喪失事故』が含まれているのですから、プラントが停電になって情報が途絶する事態は当然想定されています」と述べている。(注17)

(2) SPEEDI不使用と手動測定

その後、原子力規制委員会は、二〇一五年四月に、原子力災害対策指針の記述からSPEEDIの使用を削除して、事故時には放射線測定車を走らせて放射能拡散を実測させる方針に変更した。(注18)メンツのために愚かな選択をしたと思う。福島事故時にSPEEDIやPBSを使わなかったのは、経済産業省の官僚たちの怠慢によるのであって、システムが使い物にならなかったためではない。むしろ、使い勝手の良いように改良して、関係者に普及する努力をする方に注力すべきである。

(3) 民主的な避難計画情報の構築

ひるがえって考えてみると、ERSS/SPEEDIやPBSというシステムは、原理的な思想は簡単なものである。原子炉内の冷却水レベルがTAF(燃料棒上端)を下回って空焚きになると、メルトダウンが発生し、溶融炉心が圧力容器を破壊し、次いで格納容器の内圧を高めて放射能を放出す

注17 烏賀陽「福島第一原発事故を予見していた電力会社技術者」JB PRESS、二〇一二年五月三一日 http://jbpress.ismedia.jp/articles/-/35339?page=3
烏賀陽『原発難民』PHP新書、二〇一二年、一九九頁

注18 「『SPEEDI』削除決定へ 自治体反対押し切る 規制委、原子力災害対策指針改正」『産経ニュース』二〇一五年四月一九日

図 5-3　原子炉水位図

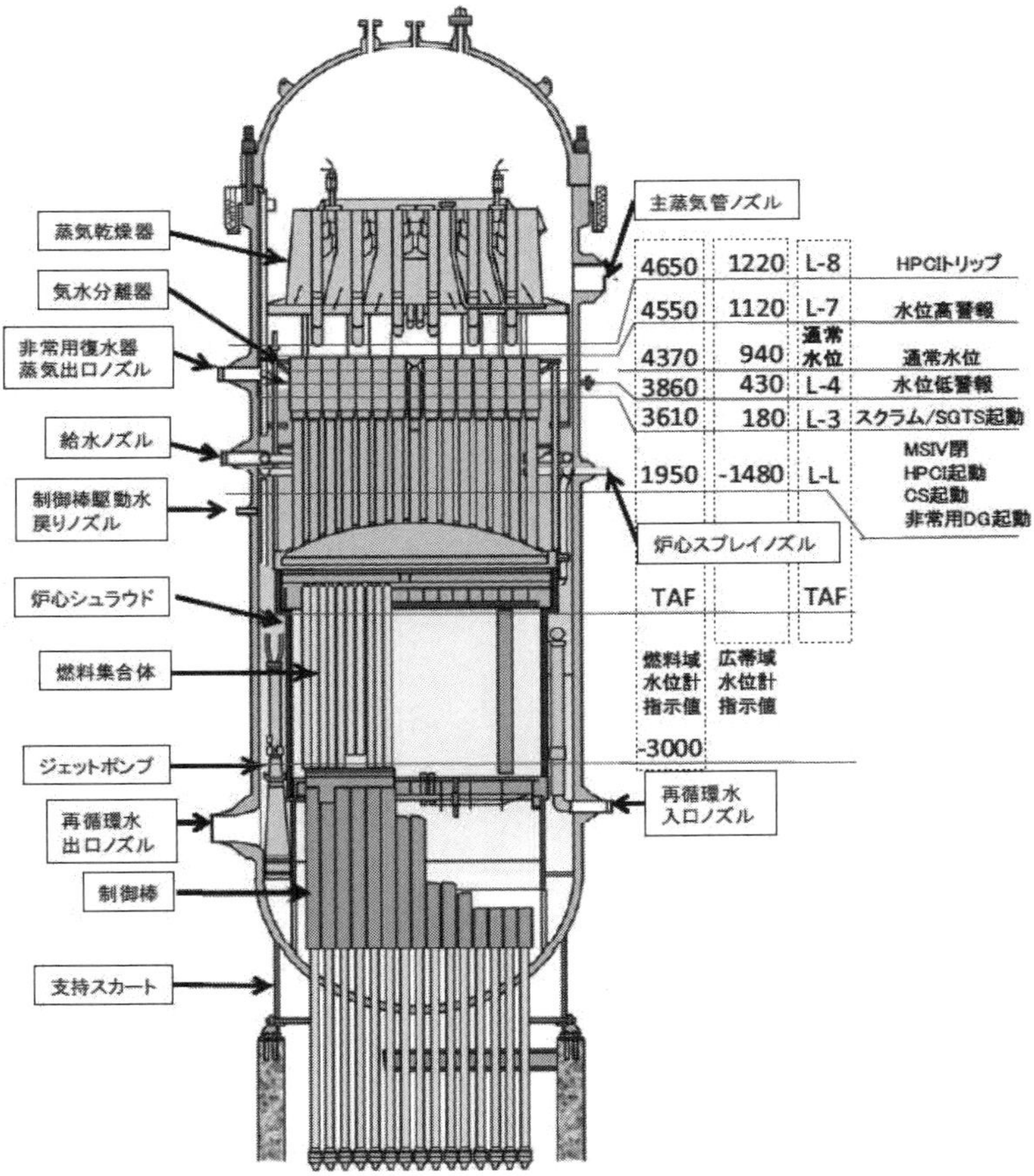

出典：政府事故調中間報告書』2011 年。資料Ⅳ -12、116 頁

るという事態に備えて避難情報を出す計算ツールである。それが機能するはずの典型的な機会が福島事故であった。事故原因が大規模なＬＯＣＡ（冷却水の喪失）であろうがＥＣＣＳの故障であろうが、冷却水のレベルが判断の指標である。

ＢＷＲ型原子炉圧力容器内の水位計のレベル設定は図５‐３のようになっている。通常水位は、ＴＡＦ＋四三七〇ミリメートルとされ、これが三六一〇ミリまで下がったら異常事態として制御棒を差し込んで原子炉の反応を停止する（「スクラム」という）。それでも水位が下がり続けて一九五〇ミリ（図のＬ‐Ｌ、「ＨＰＣＩ起動」のレベル）まで下がった時は、危険と判断して、ＥＣＣＳ（緊急炉心冷却装置）を起動する。原子炉は基本的に一定出力で運転することになっているから、運転中はずっと「通常水位」を維持することになっており、一九五〇ミリを割り込んで水位が回復しなければ、メルトダウンの前触れと判断すればよい。

メルトダウンの進展速度は、事故の原因によって多少の違いがあっても、避難という視点に立てば早期に行動を起こすに越したことはない。そして、避難行動が仮に空振りになったとすれば、それは幸運だったと考えればよい。

現在の避難行動の指針は、すべて政府が決断して指示することになっており、それが事故進展の速度に追い付かず、現実に避難している人たちは、もっとも高い放射能に遭遇する。このような物理条件に縛られていることは本質的に不合理である。

ついでに言えば、日本政府が放射能拡散データを出し惜しみしているときに、アメリカ軍は三月一七～一九日に横田基地の航空機を飛ばして、福島県内上空から放射能拡散状況を把握していた。(注19)日本原子力開発機構はすでに、ドローンで原発周辺のデータを収集することを開発している。(注20)そのデータをリアルタイムでマッピングしてスマホアプリに発信することも技術的には簡単である。ＳＰＥＥＤＩシステムのことが大層に言われているが、放射能濃度の予測を完全にしようと思うから大変なのであって、向こう一日間の風向き予想を示して、どちらに逃げればよいかを示せば、避難の目的には十分である。この程度の簡易ＳＰＥＥＤＩは簡単で金もかからない。

現在のシステムが不合理なのは、何もかも政府が指示を出すという点にある。避難行動はもとより、ヨウ素剤の配布・服用まで、政府の指示があるまで待たなければならないという規則を作っている。おまけに、放射線の被ばく許容量を政府が、年間一ミリシーベルトにしたり、二〇ミリシーベルトにしたり、状況次第でご都合主義的に変更している。

避難開始を政府が号令するというのは、原発が稼働を開始した一九七〇年ごろの通信事情であればもっともかもしれない。当時は一般人が携帯電話を持つことはなく、家庭用固定電話の普及率が四〇％であった。学校からのＰＴＡのお知らせは、電話の連絡網で各家庭へ順送りに伝えられた。テレビの天気予報も、縮尺の大きな天気図であって、気象衛星によるきめ細かなものではなかった。したがって、情報が一極から時間をかけて流れる以外に手段はなかった。コンピュータシステムでいえば、ＩＢＭ３６０のメインフレームが計算センターに鎮座していて、情報はその部屋へ取りに行かなければ

注19　佐藤康雄『ＳＰＥＥＤＩはなぜ活用されなかったか』東洋書店、二〇一三年
注20　「無人機を用いた放射線モニタリング技術の開発」眞田幸尚、二〇一五年　https://fukushima.jaea.go.jp/initiatives/cat01/pdf1511/2-1_sanada.pdf

ばならない時代の伝達モデルとも言えよう。今日は、各家庭どころか各個人が情報端末を持って行動している時代である。地震の情報も瞬時に携帯電話に入ってくる。しかも、簡単な計算なら携帯ツールでいくらでもできる。

こういう情報化社会にあって、原発と共存する生活を営んでいくためには、地元住民に対しては、「本日現在の原子炉内水位がＴＡＦから二メートル以上」であることを天気予報と同様に常時表示しておいて、その数値を切ったらアラームを発信し、避難の判断や避難ルートの選択を住民自ら判断する、というシステムに改めるのが実際的である。

つまり、それぞれの家庭ごとに〈てんでんこ〉に行動を開始しなければ、タイムリーな避難は実現しない。

現在、すでにスマホのアプリにカーナビがあって、交通路の渋滞状況がリアルタイムで示されている。この情報に加えて風向予想や放射能拡散予想などの簡易ＳＰＥＥＤＩがあれば、福島事故時のような愚かな混乱は起きない。安定ヨウ素剤は事前配布しておいて、環境放射能上昇の傾向が観察されたらすぐに服用すればよい。(注21) 地域社会が原発と共存するということは、このように日常的な天気予報や地震情報と同様に原発の健康指標を共有して生活するという状態を作り出さなければならないのである。

電力会社が加害者の立場でありながら事故後の賠償を査定するという立場に立ち、政府が避難の情報にも被ばく回避の避難行動や薬剤服用にも制限を設け、避難用のインフラも不備な状況の中で、命を丸ごと政府や県庁・役場に預けろという、現在の政府専制システムは、時間的にも情報伝達にも不備があり、役に立たない。そして、情報や行動を統制しようというシステムは、とうてい民主主義制度における平和産業とはいえない。

4　被災者の生活再建

(1) 原発事故被災者の避難と賠償打ち切り

政府は、福島第一原発事故避難者の帰還を急いでいる。年間被ばく量二〇ミリシーベルトの地域は帰還可能として避難指示を解除し、帰還を促している。そして、避難指示解除は避難に伴う慰謝料として支払われていたひとり一カ月一〇万円の費用の打ち切りを意味している。最近の避難指示解除区域の情報を図5‐4に示す。

先述のように、事故以前は一般市民の被ばく許容量は一ミリシーベルト／年であり、放射能を専門的に扱う職業人は五ミリシーベルト／年であった。しかも職業人には厳重な防護を施していた。子どもも含めた無防備の市民に二〇ミリシーベルト／年の環境で生活させるのは非人道的行為であり、犯罪ですらある。

注21　原子力規制庁『安定ヨウ素剤の配布・服用に当たって』二〇一三年七月一九日　https://www.nsr.go.jp/data/000024657.pdf

図5-4　避難指示区域の概念図（2017 年 4 月 1 日）

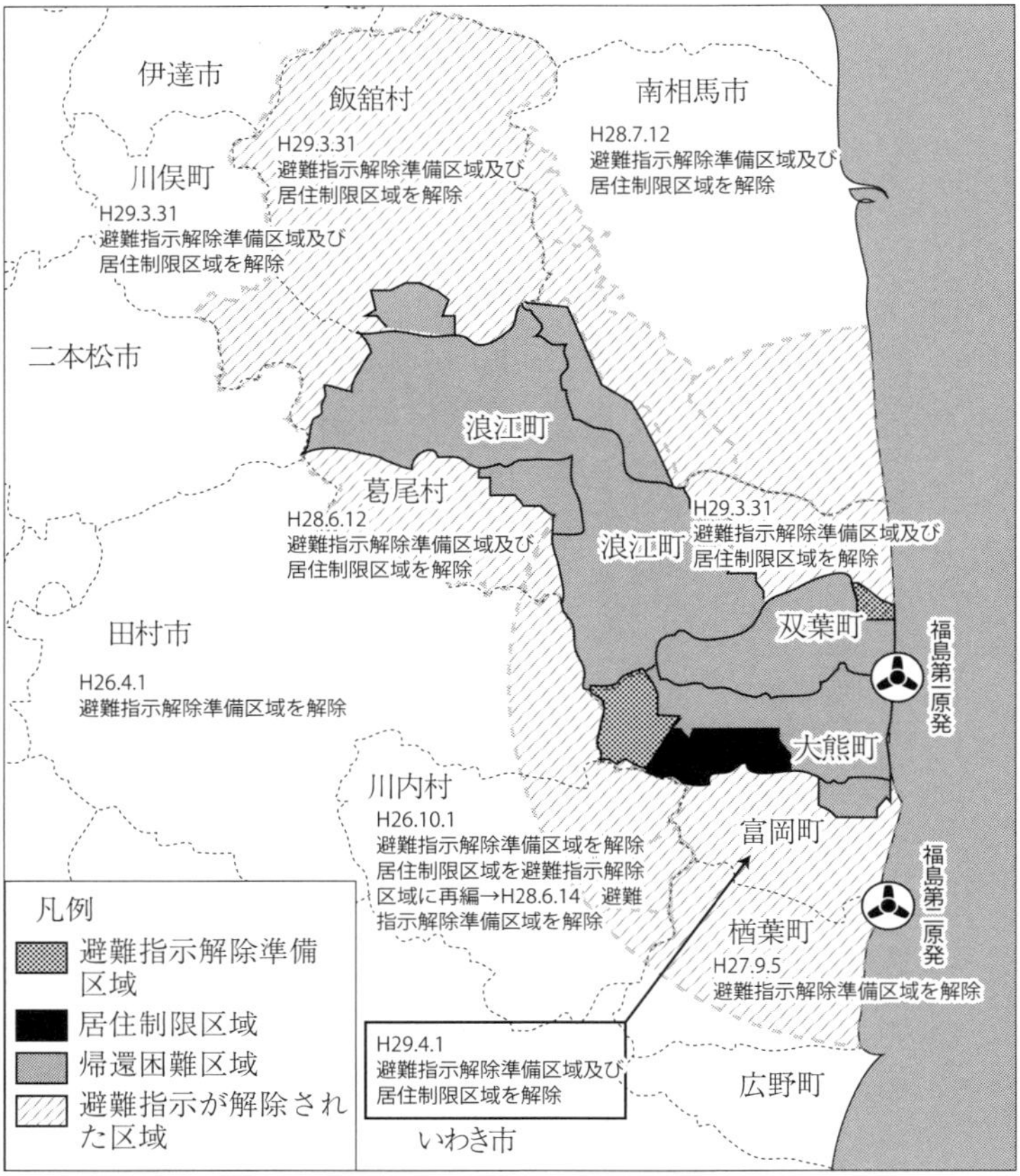

注 1：避難指示区域は三つの区域に区分され、それぞれ次のように説明されている。
帰還困難区域：放射線量が非常に高いレベルにあることから、バリケードなどの物理的な防護措置を実施し、避難を求めている区域。
居住制限区域：将来的に住民の方が帰還し、コミュニティを再建することを目指して、除染を計画的に実施するとともに、早期の復旧が不可欠な基盤施設の復旧を目指す区域。
避難指示解除準備区域：復旧・復興のための支援策を迅速に実施し、住民の方が帰還できるための環境整備を目指す区域。
出典：経産省ホームページ

(2) 代替住居と生活環境

産業施設とは利害関係のない一般市民が、その施設の事故によって住居や生活環境を喪失した場合は、それと同等な住居・環境・生活手段を提供するのが筋である。大規模な戦争による被害の場合を除き、産業施設の事故被害には、戦後その原則が守られ、行使されてきた。公害問題では、因果関係の認否に関して長い争いが続いたが、賠償原則については基本的にその被害を正当に評価する努力がなされてきた。

しかし、福島原発事故の被害については、政府が率先してその賠償を切り下げてきた。許容被ばく限度のかさ上げに始まり、危険な地域への帰還促進が、その最たるものである。

行うべき補償は、農業者に対しては同面積の農地と農作業場と住宅、漁業者には漁業権と住宅、工場経営者には同規模の工場と住宅、そして、それらの個人の集団が移住するコロニーを放射線被ばくのない地方で建設することである。ダム建設で集団移住する際にこの方式が見られる。たとえ理想的には行かなくても、村ごとに移住して、移住先で村祭りができる環境整備を目指さなければならない。

この原則は世界共通である。二〇一〇年に、ハンガリーのアルミナ製造工場で赤泥（廃液）の溜め池が決壊して七〇万立方メートルの赤泥が鉄砲水のように町を襲い、三〇〇戸余の住宅が被害を受けた時には、政府を挙げての被災者支援が行われ、新築一一一棟、中古補修・金銭賠償合わせて二〇一棟の補償が行われた。その結果、コミュニティも生活条件も損なわれなかった。(注22)

注22　家田修『なぜ日本の災害復興は進まないのか』現代人文社、二〇一四年、一三四頁

(3) 井戸川さんの要求

井戸川克隆さんは、事故当時双葉町の町長として、コミュニティを分散させることなく、かつ放射線被ばくを避けるために、五〇〇〇人の町民を率いて埼玉県へ避難した。初めはさいたまスーパーアリーナへ、その後騎西高校へ。彼は、仮住まいをするにしてもきちんとしたコミュニティを建設し、将来そこを引き上げて地元に帰るときは、プラスの資産価値が付加しているような町を目指していた。

ただ、まずもってタヌキと会話するような場所はごめんだと思った。なぜならやがてそこを去る時には、町の財産にして売って等価交換にして、向うで再建する時に費用がかからないようにしないといけないから。だったら最初からいい場所に住みたい。国はどんなふうになるか分からないから、等価交換しても見劣りしない、差益は出ても、差損が出ないような場所を考えていました。(注23)

誰でも人生を通じて生活の建設、資産の蓄積を行っている。それを他人の過失で分断さて良いというものでは断じてない。しかるに、政府は現在、双葉四町に中間貯蔵施設を作るので、その場所を半値で買いますと言っている。(注24)結果として、地元自治体から避難した人びとは、避難先でも資産形成ができず、地元の資産も失ってしまう結果に追いやられている。

(4)　更なる被ばくの強要

二〇一七年三月三一日に浪江町、飯舘村、川俣町の避難指示が解除された。隣接する富岡町はその翌日に解除された。これらの避難指示解除区域での帰還予想率は一〇％以下である。二〇一五年秋にすでに帰還困難区域の避難指示を解除された楢葉町での帰還率は二〇一七年三月時点で一一％で、六〇歳代が多く、若い層はもちろん、七〇歳代以上も少ない。

政府の説明資料には、「避難指示の解除について：……ただし、帰還するかしないかは、当然ながら、お一人お一人のご判断によるものであり、国が避難指示を解除したからといって帰還を強制されるものではありません」と書いてある。しかし、空間線量率二〇ミリシーベルト／年の地域で、何の防護もせずに生活せよというのは、当事者にとって耐えがたいことである。すぐ近くの福島原発事故現場では、五ミリシーベルト／年の被ばくが予想される職業人に対して、完全な防護措置をした上での労働を許可していることと比較すると、はなはだしいダブルスタンダードである。

チェルノブイリ原発事故後、旧ソ連各国の政府は避難生活を継続する住民には生活支援を受ける権利を認めているのに対して、日本政府は、この三月をもって住宅支援や生活支援を打ち切って、兵糧攻めにしようとしている。日本政府は避難住民に対して、横柄で冷酷であることを認識しなければならない。

注23　井戸川克隆、佐藤聡『なぜわたしは町民をさいたまに避難させたのか』駒草出版、二〇一五年、二五六頁
注24　井戸川、前掲書、三三九頁

(5) 政府の不作為と状況の改善

政府は不作為を決め込んでいる。何かを志向するときにはエネルギーを費やさなければならないが、政府官僚は不作為のほうが波風は立たない（水野参事官が典型例）。被災者の辛酸は筆舌に尽くせないであろう。その中ではどうしても、被災者と遠方の傍観者との間に不協和音が生じる。ときとして、かつてのアメリカで、黒人差別が激しかった六〇年代に、黒人とプアーホワイトといわれた低所得層の白人との間に対立があったように、不満が本来の標的に向かわずに、困窮者同士の反目に向かう。これでは、政府官僚たちの思う壺である。

そのこととは性格の違う問題として、放射線による汚染と被ばくの問題が深刻である。これは感情の問題とは別の原理による総体的な合理性の事実がある。たとえば、福島第一原発事故の後始末現場における被ばく作業を十分な対策が無いまま拙速に急ぐべきではない。また放射性廃棄物は集中管理すべきである（つまり中間貯蔵施設の場所を分散すべきではない）。これらの問題は、合理的な計画を立案した上でなければ軽々に実行すべきでないことは明白である。しかし、政府は科学的合理性も費用の勘案も放擲して、社会的にもっとも安易な方法を取ろうとする。時間的にも、本来はきちんとした長期計画を立案して処置するほうが、二次被害や総費用の節約になることが分かっていても、安易な方向に流されている。

われわれ一般市民も傍観していてよいわけではない。

5　原発進出を断った町

二〇一六年九月二一日、政府の関係閣僚会議は、高速増殖炉〈もんじゅ〉の実質廃炉に向けて検討をはじめた。同日夜、早速、松野文部科学大臣が福井県庁に西川知事を訪ねて、「お詫びを申し上げる」と言い、知事は「地元に全く説明がないまま、廃炉も含めて抜本的見直しを行うとの考え方が示されていることは、無責任極まり無い対応で、不信を抱いている」と不満を述べた。(注25) テレビでも、同知事の恨めしそうな渋面が映った。けれども「無責任」とは、だれがどういう意味で無責任なのだろうか。

地元自治体の首長が渋面を作ろうが、今後日本では老朽化原発の廃炉が相次ぎ、およそ一〇年間に少なくとも既存の原発の三分の二は運転停止になり、再稼働するにしても一七基程度だろうと予測されている。そして、電力会社が原発を新設することなどあり得ないであろう。

地元首長、つまり、知事や立地自治体の市町村長が声高に地元経済の苦境を訴える姿がつねに情緒的に報じられてきた。しかし、果たして原発無しでは地元経済がそれほど困るのであろうか。

(1)　原子力施設の進出を断った町々

まず、大きな視野で日本全国を眺めて見よう。原発や再処理工場が立地した市町村の数は二一カ所、

注25　「廃炉一兆円投入の末　『無責任』地元知事は不快感」『朝日新聞』二〇一六年九月二二日

表 5-2　原発を断った町（例）

県	町	電力会社	計画年	備考
北海道	浜益	北海道電力	1967 年	
同	奥尻		1975 年	再処理工場
岩手県	田老	電源開発	1975 年	
福島県	浪江・小高	東北電力	1967 年	
新潟県	巻	東北電力	1971 年	
埼玉県	大宮	三菱原子力	1959 年	実験炉
石川県	珠洲	北陸・関西・中部	1975 年	
福井県	小浜	関西電力	1971 年	
京都府	久美浜	関西電力	1975 年	
兵庫県	香住	関西電力	1965 年	
三重県	芦浜	中部電力	1963 年	
同	海山	中部電力	1963 年	
同	熊野	中部電力	1971 年	
和歌山県	那智勝浦	関西電力	1969 年	
同	古座	関西電力	1968 年	
同	日置川	関西電力	1976 年	
同	日高	関西電力	1967 年	
岡山県	日生	中国電力	1970 年	
鳥取県	青谷・気高	中国電力	1979 年	
島根県	田万川	中国電力	1973 年	
山口県	萩	中国電力	1982 年	
同	豊北	中国電力	1969 年	
同	上関	中国電力	1982 年	
徳島県	阿南	四国電力	1968 年	
高知県	窪川	四国電力	1976 年	
愛媛県	津島	四国電力	1966 年	
大分県	蒲江	九州電力	1978 年	
宮崎県	串間	九州電力	1992 年	
沖縄県	徳之島		1975 年	再処理工場
沖縄県	西表島		1980 年	再処理工場

それらを断った市町村は三四カ所以上ある（ほかに実験炉などがあるが省略した）。立地条件はいずれも、海岸沿いの過疎地であるが、かといって原発進出を断った町が貧困にあえいでいるわけではない。

原発進出を断った代表的な市町村のリストを表５‐２に示す。（注26）

⑵　地元自治体の中の利害関係者

数で言えば、原発を受け入れた町よりも断った町の方が圧倒的に多いことに注目しておくべきである。このリスト以外にも、最初の打診を受けた時点で早々に断ってしまい、議論にもならなかった町も少なくない。

今、原発が立地している町の大半は、原発が無くなると町の経済が成り立たないと大げさにアピールしている。それでは、原発を断った町々が、現在貧乏をかこっているかといえば、そんなことはない。それらの町々も自然の立地条件は、原発を受け入れた町々と取り立てて違いがあるわけではない。

町の財政は、原発建設時に交付金が得られて、一時的にバブルになるが、運転に入るとピーク時の四分の一になる。そして、その金額の多くは、ハコものなどに消えてしまっている（初期には交付金の用途制限があり、ハコものの受注者はおおかた全国規模のゼネコンであった）。運転時に入る交付金の金額は、一般の自治体の財政を援助する地方交付税と比べてそれほど多くはない。したがって、原発立地自治体とそうでない自治体の財政にそれほど差があるわけではない。

注26　原子力資料情報室『原子力市民年鑑二〇一三』七つ森書館、二〇一三年、七五頁　日本科学者会議『原発を阻止した地域の闘い　第一集』本の泉社、二〇一五年、六頁

かえって、原発立地自治体は一時的な収入増のために放漫経営になって、財政破たん寸前に陥った町が珍しくない。福島第一原発が立地していた双葉町がまさしくそうで、二〇〇六年には「財政健全化団体」に陥っていた。(注27)また、福井県の市町のうち、原発立地した町と非立地の町の工業出荷額の伸びを比較した表によれば、非立地の町の伸びの方が立地の町よりも大きい。(注28)実は地元企業のうち、原発の恩恵を受けるのは域外から乗り込んでくる大手企業の下請会社になる建設業と、旅館やタクシー、飲食業などのサービス業であって、その割合は大きくはない。

(3) 声の大きい地元政治家

それでも、福井県の西川知事や原発誘致に活躍した敦賀市の元市長高木孝一氏などのような政治家の存在感が大きいのはなぜなのか。

落ち着いた社会では、まとまった金が自由裁量で動く機会はほとんどない。だが原発のような一基五〇〇〇億円という工事費を投下するプロジェクトが動くときには、静かな社会に突然、オデキのような異物が発生し、それにまつわる日陰の金が地元の顔役の懐に流し込まれる。つまり、地元政治家にとっては蓄財や政治活動の機会になる。したがって、多くの地元住民にとっては大きな利益ではないが、地元顔役にとっては一生に一度の成金気分を味わう好機になる。しかし、上昇時は良いが下降期にはその反動が大きな負担としてのしかかって来る。

先ごろ、福島第一原発地元の浪江町の首長改選の選挙戦に際して、馬場有町長らが「わたしには中央とのパイプがある」と言っていたが、このような事態になっても、まだそういうセリフが地元選挙民の心を動かすのか、と衝撃を受けた。

現在、福島第一原発周辺の町で土壌汚染が高いままにつぎつぎと住民帰還を促進させようとしているのも、知事および地元の町長たちである。子どもを持っている現役の親たちは賠償を打ち切られながらも、過半数は帰る意志がない。政治家の言説は住民の幸せと乖離した状態で状況が進行している。

これからは原発廃炉の時代に突入する。そして私たちは地元自治体の知事や町長たちの大げさなアピールの姿をテレビで見ることになるであろう。たしかに過渡期の数年は地元にとっては苦痛であろうが、それはオデキが癒えて普通の町に戻る回復期なのである。それをはたで見ている私たちも、軽挙妄動することなく、冷静に見守っていくことが望ましいと思う。

注27　井戸川克隆『なぜわたしは町民を埼玉に避難させたのか』駒草出版、二〇一五年、三〇一頁
注28　朴勝俊『脱原発で地元経済は破綻しない』高文研、二〇一三年、四三頁

第6章　定見のない原子力規制

1　自然災害における「想定外」の繰り返し

(1)　地震

原発であれ一般産業プラントであれ、設計上の外力として地震の揺れの最大値を設定し、それに耐えるように構造物を設計することは共通である。日本は地震国であって、地震動による災害が歴史上たびたび悲劇を招いてきた。原発の場合はとりわけ地震に対する耐性が高くなければならない。福島原発事故のきっかけが地震による外部電源喪失から始まったことは記憶に新しい。

構造物の強度計算の手順としては、まず設計基準地震動を決定しなければならない。しかし、地震の起因に関する基本的認識をもたらしたプレートテクトニクス理論が日本の学界で初めて議論されたのは一九六八年のことであった。そして、今日使用されている震度計（強震計）が開発されたのは一九九一年であり、全国に強震観測網（Ｋ-ＮＥＴ，ＫiＫ-ｎｅｔ）が設置されたのは一九九六年のことである。(注1)つまり、一九九五年の兵庫県南部地震以前は観測データも、建造物破壊メカニズムを解析するデータも不十分であった。(注2)しかも、戦後の日本列島は地震の静穏期にあって、すべての原発の初期設計時の基準地震動は二六五～六〇〇ガルの範囲に規定されていた。兵庫県南部地震や柏崎刈羽原発を直撃した二〇〇六年の中越沖地震を参照しながら基準地震動の見直しが行われたが、それは測定データのうち既往最大値を当てはめるという考えに基づいた改訂であった。(注3)

その後、二〇一一年の東日本大震災において、福島第一、東海第二、女川原発で基準地震動を超える揺れを観測した。そこで、現在は新規制基準適合性審査において、個別に基準地震動の設定が適切かどうかの審査を行っている。その際、近隣の断層の長さや地質などから推測するが、断層の長さや地震動の推測式について大きく議論が分かれている。また、二〇一六年四月の熊本地震では最大震度の揺れが二度繰り返すという新しい振動形態が現れた。外力の想定には、既設プラントは一万年に一度、新設プラントでは一〇万年に一度の最大値を用いよ、というのがＩＡＥＡの基準である。それにあてはめる基準地震動を、過去二〇年間の測定値とおよそ一〇〇〇年しか遡れない歴史文書から推定すること自体に無理がある。

このような経緯があって、どの原発も設計時に想定していた強度上の余裕を食いつぶしている。たとえば、東海第二原発では、設計時の基準地震動を二七〇ガルとしていた。そして、現在行っている新規制基準適合性審査においては、地下岩盤で観測された既往最大値である一〇〇九ガルを基準地震動として審査することになった。強度計算結果として福島原発事故直後に行われたストレステストの計算結果を参照すると、この原発の構造体のうち、もっとも弱い部材が耐えられるのは一〇三八ガルである。つまり、一・〇三倍の余裕しかない。(注4)自然の外力のばらつきは、後述するように「倍半分」(二倍または二分の一の広い範囲にばらつく可能性がある）が常識である。また、強度計算の誤差や、設備の経

注1　防災科学技術研究所「強震観測網の概要」 http://www.kyoshin.bosai.go.jp/kyoshin/
注2　気象庁「強震観測のページ」 http://www.data.jma.go.jp/svd/eqev/data/kyoshin/index.htm
注3　石橋克彦『原発震災』七つ森書館、二〇一二年、一〇頁

年劣化などを考慮して、設計時には安全率三～四を含ませて構造物を設計する。書類上の数字の辻褄が合ったところで、一万年に一度の地震が過去二〇年間の既往最大値を超えないとは、誰が言えようか。

(2) 津波

津波もまれにしか起こらないが、一万年に一度という基準で考えれば、一〇〇〇年に一度の貞観津波であっても最大ではない。一九九七年の七省庁手引きにおける津波想定においては、一六七七年に発生した延宝房総沖地震（M八・〇）クラスの地震が福島第一の近くで起きるとしていた。その場合の津波高さは一三・六メートルと計算されていた（二〇〇八年の東電の試算）。そして、七省庁手引きの作成にかかわった首藤伸夫・東北大教授と阿部勝征・東大教授の二人が「精度は倍半分」と発言していた。(注5) しかし、今も防潮堤の高さを決める電力会社の担当者たちは、既往最大や予測式の精度の議論に熱心だが、推定値の誤差には関心を払っていないように見える。そして、安全率はほとんど一から増えていない。

(3) 火山

火山の噴火も日常感覚ではなじみが少ない。二〇一四年九月の御嶽山噴火で死者、行方不明者六〇人以上という被害が出て、改めて富士山の宝永大噴火（一七〇七年）や浅間山の鬼押し出しを作った噴火（一七八三年）のことを思い出している。しかし、数千年・数万年間隔でみれば、日本列島には巨大な噴火が発生し、人びとの生死を分けるほど巨大で、原発の後始末ができるかなどという議論どころではないことがわかる。

たとえば、九州では六個のカルデラ火山が交互に巨大噴火を行っており、その間隔は五〇〇〇～一万六〇〇〇年に一回の割合である。もっとも最近のものは、七三〇〇年前の鬼界カルデラ形成期の海底大噴火である。そのとき、九州全土、四国、中国のかなりの部分の住民は全滅し、この火山灰層の上下の土壌層から出土する土器の形式はまったく異なり、この火山灰噴火を境によそから異なる土器を使用する外来者が、生きる者のいない焦土に住み着いたという事実が考古学者によって明らかにされている。(注6)

二〇一四年の川内原発再稼働に向けての規制審査では、近隣の火山の噴火で原発放棄を余儀なくされて、メルトダウンから放射能の大量放出に至る危険性が議論された。火山噴火が予知されたら、単に原発を停止するだけではなくて、燃料を原子炉から取り出して冷却し、数年後に火山影響のない場所に移送する必要がある。そのように前広《まえびろ》な余裕をもって予知できるか、ということが議論の対象になった。火山学会の並みいる学者たちは、藤井敏嗣会長以下、こぞって予知することはできないと意見表明した。しかし、原子力規制委員会は九州電力が火山山腹に観測所を設けるということで合格に

注4　「東海第二原発　基準地震動Ｓｓの策定について（コメント回答）」日本原子力発電株式会社、二〇一六年一月二一日、一九頁
注5　「東京電力株式会社福島第一原子力発電所における事故を踏まえた東海第二発電所の安全性に関する総合評価（一次評価）の結果について（報告）」日本原子力発電株式会社、二〇一二年八月、五‐一‐一〇頁
注6　添田孝史『原発と大津波　警告を葬った人々』岩波新書、二〇一四年、二六頁
守屋以智雄「噴火と原発」『科学』二〇一四年、Vol.八四 No.一、一〇七頁

してしまった。(注7)

火山噴火に係るもう一つの問題は、火山灰が原発サイトに降ってきた場合には、送電線網のガイシが絶縁不良になり、外部電源喪失になる可能性が高く、その時非常用ディーゼル発電機が原子炉冷却設備駆動の命綱になるが、ディーゼルエンジンのフィルタが目詰まりしてフィルタを頻繁に交換する必要が生じる。原子力規制委員会の議論では、当初二〇一〇年のアイスランドのエイヤヒャトラ氷河火山の噴火の際に四〇キロメートル離れたヘイマランド地区で観測された濃度三・二四ミリグラム／立方メートルを基準として、フィルタ閉塞時間を二〇～四〇時間としていたが、一九八〇年のセントヘレンズ噴火を参照して三三・四ミリグラム／立方メートル（質量が増えるほど濃度は高くなる）に変更されてフィルタ閉塞時間が二～四時間となり、交換に要する時間一～二時間と拮抗するようになった。さらに、電力中央研究所が、一七〇四年の富士宝永噴火のシミュレーションを行った結果、想定濃度は一グラム／立方メートルとなり、瞬時に詰まって実用にならないという結果になった。去る二〇一七年七月一九日の審査会合では、数グラム／立方メートルを基準とすることにした。この問題に納得できる解決がなされるのか、筆者には想像がつかない難問である。二〇一七年一〇月五日に原子力規制委員会がパブコメに付した「相崎刈羽六・七号機の新規制基準適合性審査書（案）」では、シミュレーションの条件（風向きなど）を有利に設定して困難を回避しているようである。

(4) 「想定外」の繰り返しが語るもの

原発は結果損害を賠償しきれないほどの巨大な災害をもたらす。したがって絶対に事故を起こしてはいけない。そのためには厳格な設計基準を設けなければならない。他方、無制限に巨大な外力を設計基準としては、物理的に設備を構築できない、あるいは経済的に引き合う設備規模にならない。こういったジレンマに逢着して、結局「既往最大」でお茶を濁し、災害のたびに「想定外」という言葉を繰り返しているのが現状である。好意的に解釈すれば「人知では想定できなかった」ということになろうが、実態は推進組織の仲間内だけで「想定しないことにした」というのが正しいであろう。少なくとも一万年に一度の大災害を想定するといいながら、二〇年、あるいは数百年の間の「既往最大値」を採用して、兵庫県南部地震、中越沖地震、東日本大震災と、一五年の間に三回、「想定外」という言葉を繰り返していては、単なる人知の限界ではなくて、意図的な過小評価であると言わなければならない。

2　内部リスクの軽視

(1)　水素爆発の危険性

原子炉内に挿入される燃料集合体は、二酸化ウランのペレットを厚さ〇・七ミリメートル、外径約一一ミリ、全長四・四七メートルの被覆管に封入した燃料棒を束ねたものである。被覆管はジルコニ

注7　たとえば、藤井敏嗣「私たちは本当の巨大噴火を経験していない」『科学』同前、五三頁

ウム合金にジルコニウム金属膜を内張りした二層構造になっている。原子炉内の冷却水が失われて被覆管温度が高温（約九〇〇度Ｃ以上）になると、ジルコニウムは水または水蒸気と反応して酸素を奪い（還元反応）、水素が発生する。この反応は温度が高いほど急激に進む。発生した水素は原子炉圧力容器のシール部分から漏れて、格納容器に移行し、酸素と化合して容易に爆発する。

新規制基準の規則においては、メルトダウンが発生しても格納容器を破損させないために、水素爆発の防止が要求されている。水素爆発のもっとも激しい形態が衝撃波を伴う爆轟《ばくごう》であり、それを防止する判断基準として、通常運転中の雰囲気が空気であるＰＷＲ型原発格納容器内の水素濃度が一三％以下になるように定められている（ＢＷＲ型は格納容器内を窒素雰囲気にしているので対象外。福島原発事故の水素爆発は格納容器からさらに建屋内へ漏れて着火したもの）。新規制基準適合性審査の中で、川内一、二号機は格納容器が相対的に大きいこともあり、ジルコニウムの反応割合を一〇〇％という仮定の下に水素濃度が一二・六％としているが、高浜三、四号機、高浜一、二号機では一三％に収めるためにジルコニウム反応割合を八一～八二％と仮定している[注8]。玄海原発三、四号機ではイグナイタ（着火・燃焼によって水素濃度を減少させる装置）を併用するという条件で一三％に収めている。

設備が先にあって、それに合うように数字合わせをしているのが現状である。つまり設計時には考えていなかった水素爆発を後追いで検討しているために辻褄合わせをせざるを得ない。

一方、最近のＳＡＭＰＳＯＮというプログラムを用いた解析によると、福島第一原発一号機においてはＭＣＣＩによって発生した水素量の方が、ジルコニウム‐水反応によって発生した水素量よりも多かったという[注9]。とすれば、現状の新規制基準適合性審査で行われている水素発生量の計算値が過小

図6-1　デブリ貯留エリアと二重殻格納容器を持つEPR-1000

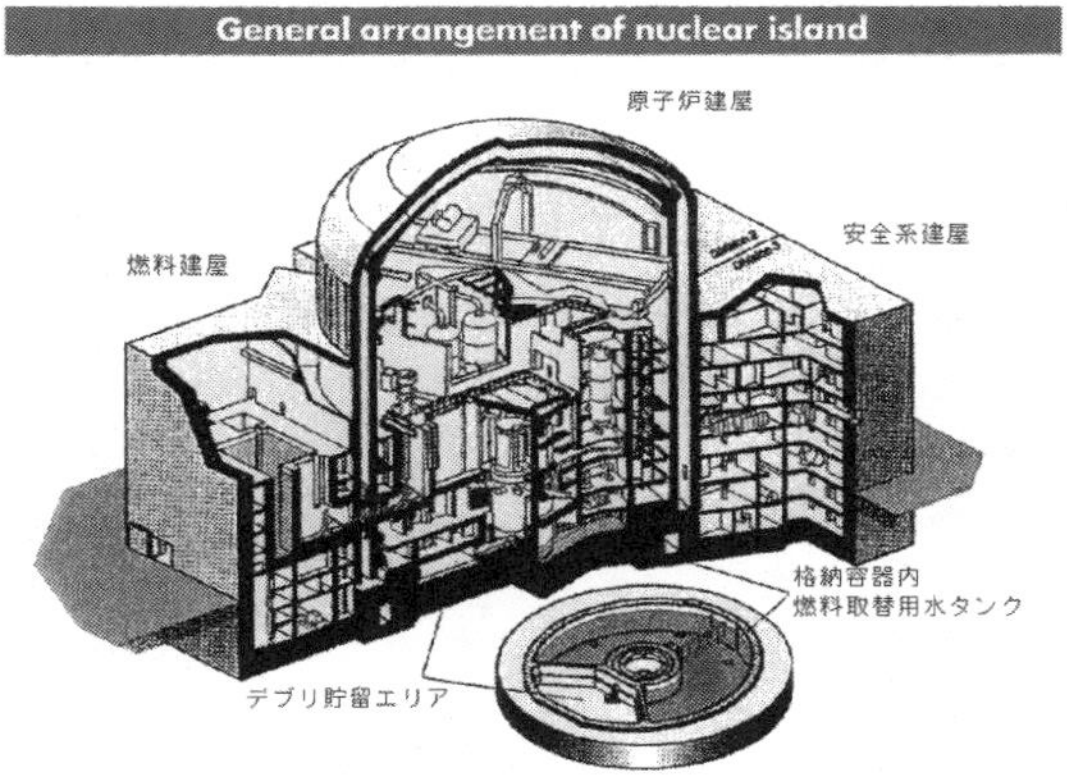

出典：F.Bouteille, H. Seidelberger : The European Pressrized Water Reactor-A Status Report Nuclear Engineering International. October 1997. P. 15

評価である可能性がある。

(2) 水蒸気爆発の危険性

炉心が溶融して水中に落ちた場合には、水蒸気爆発の危険がある。水蒸気爆発は水が瞬時に蒸発して、約一〇〇〇倍の体積を持つ気体に変化するため、強力な爆発現象を呈する。原発で万一この現象が発生したら、格納容器が大爆発して大量の放射能飛散を免れない。水蒸気爆発は溶融金属を扱う工場ではもっとも恐れている現象である。原子炉の分野では、チェルノブイリ原発事故以降、対策の必要性が認識されるようになり、各国で小規模な実験が行われてきた。(注10) そして近年ヨーロッパでは、メルトダウンで流出した溶融炉心を

注8　滝谷紘一「高浜審査書（案）・水素発生量評価についての規制委員会の考え方への反論」『科学』二〇一五年、Vol.八五 No.四，四一〇頁

注9　NHKスペシャル『メルトダウン』取材班、前掲書、一九〇頁

図 6-2　BWR の水位計

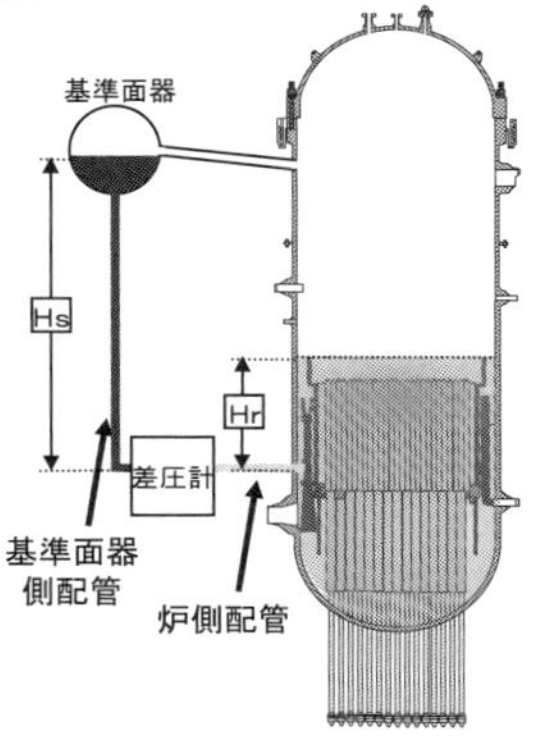

原子炉水位計の概略図

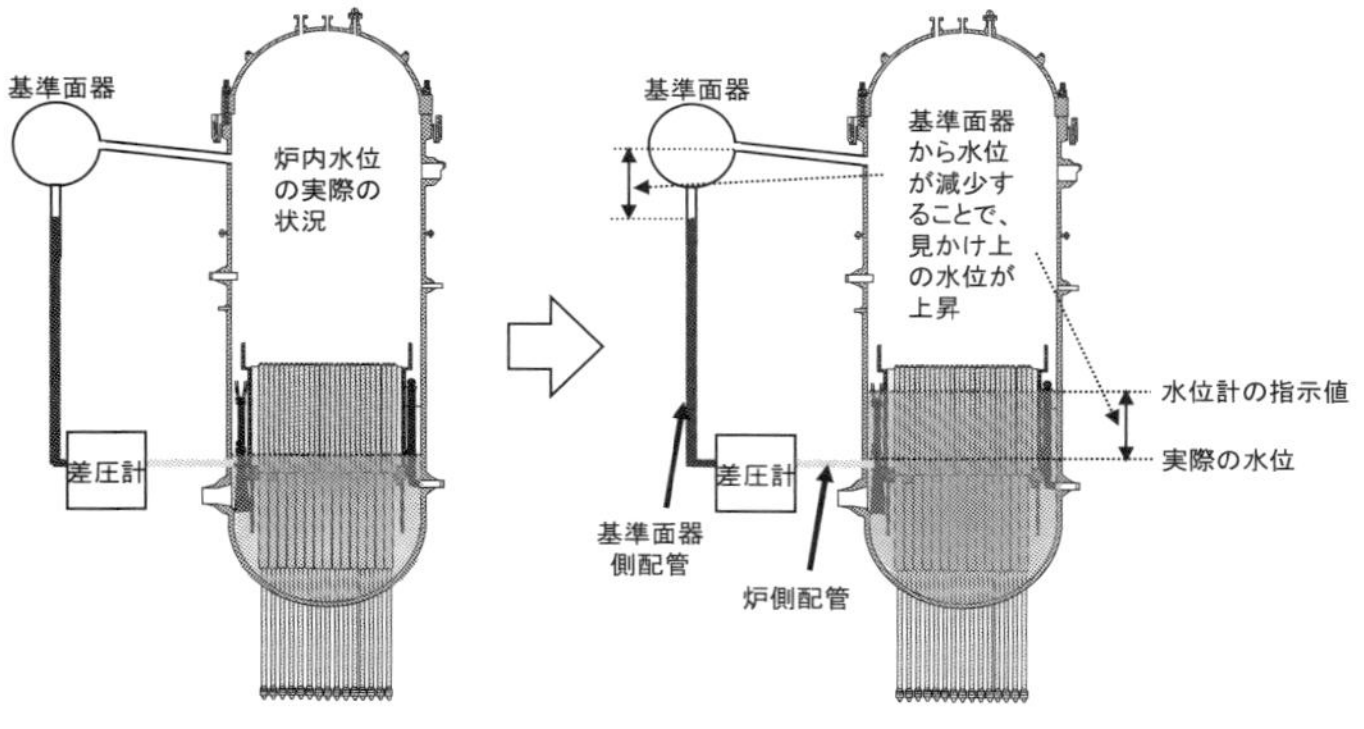

計装配管内の水位低下に伴う原子炉水位計の指示値について

出典 :「福島第一原子力発電所　1 ～ 3 号機の炉心状態について」
東京電力、2011 年 11 月 30 日、 p .18
http://www.tepco.co.jp/nu/fukushima-np/images/handouts_111130_09-j.pdf

水を使わずに冷却するために、コアキャッチャー（図6－1のデブリ貯留エリア）という広い受け槽を備えた原子炉モデルEPR一〇〇〇などが標準炉型として建設されている。

水蒸気爆発は、条件が似ていても起こったり起こらなかったりする現象で、一義的に条件を特定できないが、それでも金属工場で現実に一定割合で発生している。原子力規制委員会は、トリガーの発生がないからとして、水蒸気爆発対策を考えなくても良いことにしているが、実験によっては溶融物が自発的にトリガーを形成していると考えられる場合もあって、水蒸気爆発の危険性を否定できない。

(3)　水位計の機能不全

福島原発事故の際にテレビ報道では、かなりの間「冷却水はＴＡＦ（核燃料棒の上端）の上方にあってメルトダウンは発生していない」と原子力工学の大学教授や放送局の科学解説者らが模型を使って説明していた。しかし、実際はメルトダウンが進行し、水と高温のジルコニウムが反応して水素を発生し、水素爆発を起こしてしまった。現場で水位を誤認した理由の一つは、水位計がこのような環境では機能不全になるという基本的欠陥を内包していたことによる。ＢＷＲの現在の水位計は、原子炉内の水位と原子炉の外側に張り出した基準面器内の水位の圧力（水頭）の差を測定して原子炉内の水位に換算して表示している。ところが、基準面器内の温度が高くなると、基準面器内の水が蒸発して

注10　高島武雄・後藤政志「原子炉格納容器内の水蒸気爆発の危険性」『科学』Vol.八五 №九、八九七頁。高島・後藤「原子炉格納容器内の水蒸気爆発の危険性　補足」『科学』Vol.八五、№一一、一〇四五頁

水位が下がり、圧力差が小さくなって、炉内水位が実際より高く表示される。結果として、水位がTAF以下になっても、まだTAFの上にあると誤解させる結果になったわけである(注11)（図6-2）。

テレビ視聴者がごまかされたばかりでなく、現場の運転員たちも正確な水位が分からず混乱した。このように非常時に基本的計測を誤る計器では運転管理ができるわけがなく、新潟県技術委員会でも問題になっており、東芝の社内では代替案を検討したりしている(注12)。しかし、現実に異なるタイプの水位計に交換されたという報告は見当たらない。

(4) 開放点検ができないプラントの寿命

どんなプラントであれ、経年劣化は避けられない。金属の酸化・腐食・摩耗、コンクリートの白化、ゴムやプラスチックの劣化など、すべての構成材料が経年劣化を免れない。したがって、昼夜連続運転するプラントにおいては、一年ないし二年に一度、全体を停止して開放点検を行う。回転機械の摺動部は部品を交換するようあらかじめ準備しておくが、それ以外の静的機器もスペースが許す限り検査員が内部を肉眼で確認する。百聞は一見に如かずであって、予想外の部分で劣化を発見することは少なくない。

また、機器を配管で接続している化学プラントでは、経年劣化が認められた機器や配管の該当部分をそっくり交換することも頻繁に行われている。今日、石油コンビナート内の設備で六〇年間動いているプラントも少なくないが、機能部分は更新されていることが多い。

他方、原発は原子炉圧力バウンダリーに連なる設備は強い放射能を帯びているために、簡単に開放点検できないし、主要設備の更新も容易ではない。結果として、定期修理期間においても、点検を予定した部分は検査を行うけれども、予定外の部分は見過ごすことになる。したがって、予想外の劣化部分を見つける機会は失われる。たとえば、二〇〇四年に美浜原発で復水配管が破裂して水蒸気が噴き出し、五人が死亡、六人が重軽傷という事故が発生したが、配管のその部分は点検台帳からの登録漏れがあって、二七年間一度も点検されていなかったという事実がある。(注13)

そのほか、原発では中性子照射脆化という、一般産業プラントにはない金属結晶の経年劣化があり、この劣化の予測については、未だ十分な予測式が確立されていない。(注14)

このように、どんなプラントも設計寿命を過ぎると故障頻度が増えてくる。自動車や家電製品のような大量生産製品は、一定年限を過ぎると故障を修理するよりも買い替えた方が経済的だという判断になる。原発は、交換や修理に際して特別に負担割合が大きいので、設計寿命（三〇年）を超えて故障率が増えたり、仕様変更に伴う更新工事費が高騰するときは、補修するよりも廃炉にする方が経済

注11　「日本原子力学会原子力安全部会セミナー（第三回）資料　福島第一原子力発電所二号機及び三号機　計装系の課題」東芝、二〇一二年六月二六日、七頁　http://www.aesj.or.jp/~safety/H240626seminorsiryou4.pdf

注12　黒田英彦、岡崎幸基、磯田浩一郎「過酷事故用計装システム」『東芝レビュー』Vol.七〇 No.八（二〇一五）、四九頁　https://www.toshiba.co.jp/tech/review/2015/08/70_08pdf/f05.pdf
「液面レベル計測装置、方法及びプログラム」WO2013100046 A1、黒田英彦、ほか

注13　「美浜発電所三号機事故について」関西電力　http://www.kepco.co.jp/energy_supply/energy/nuclear_power/m3jiko/qa/q2.html

注14　小岩昌宏「続 原子炉圧力容器の脆化予測は破綻している」『科学』Vol.八四 No.二、一五二頁

的ということになる。運転期間を四〇年から六〇年に延長するには慎重であるべきで、民主党政権時代に四〇年運転規制が合意されたことも当然であった。そのほか、福島原発事故を契機に世界的に規制基準が改定され、新しい、規制要求に伴う設備改造費が過大と評価される場合が少なくなく、欧米や韓国では老朽原発の廃止や新設原発の中止が目立っている（第1章2参照）。

(5) ケーブル交換の困難

一九七五年、アメリカのブラウンズフェリー原発一号機において、検査に用いていたろうそくの火がケーブルに燃え移り、それが導火線になって火災がプラント全体に燃え広がり、一時は炉心冷却が不十分になるなどの深刻な事態を招いた。この火災を受けて、日本でも原発における機器の物理的分離および隔離に関する設計基準の再検討が行われ、一九八〇年に「発電用軽水型原子炉施設の火災防護に関する審査指針」が定められて、使用するケーブルは難燃性のものとすることが義務付けられた。

この指針制定以前に設計、建設された原発は、この基準が適用されず、代替措置としてアスベストを含有する「延焼防止塗料」が塗布されたが、この措置では不十分であることが実験で示され、原子力規制委員会は難燃性ケーブルへの交換を求めた。しかし、実務上は狭い空間に設置されたケーブルトレーの中のケーブルを更新する作業はきわめて困難であり、たとえば、東海第二では、四〇％程度が限度であり、防火シートで巻くなどの代替措置で妥協することが原子力規制委員会の審査で了承された。（注15）

(6)　人為ミスや非定常状態

スリーマイル島原発事故でも、チェルノブイリ原発事故でも、事実の誤認や判断の遅れが絡んで大事故に至った。福島原発事故の被害が今日の規模に収まったのは僥倖によるものだと考えられる。四号機の使用済み核燃料プールにたまたま水が流入したこと、二号機の原子炉圧力容器と格納容器の圧力が上がって爆発の危険が予想されたのに、局所的な亀裂が自然に起こって自動的なベントがなされたこと、(注16)などである。

非定常な極限状態に立たされた時の人間の認識能力、組織の情報伝達・意思決定の時間、作業者の運動能力やグループ作業の迅速さには自ずと限界があり、その上に停電や施設の損傷等の障害が加われば、机上の計画はほとんど無意味になる。

3　過酷事故の人間側シーケンス

(1)　ハードウェアの事故シーケンスと人間側の動き

二〇一四年九月一〇日に原子力規制委員会は鹿児島県にある九州電力川内原発一、二号機について、

注15　「東海第二の再稼働審査　ケーブル防火了承」『朝日新聞』二〇一七年七月二二日
注16　『国会事故調報告書』一五七頁

新規制基準への適合性審査に「合格」とする審査書を決定した。

この審査書は、重大事故の発生を前提とし、多数の事故シナリオについて対応策を検討し、かつそれに必要なハードウェアの増設を行うとしている点で、福島事故の教訓を取り入れたものである。

他方で、第2章5で述べたように、稼働中の原子炉内の核反応によるエネルギー密度は通常の化学プラントで扱う化学的エネルギー密度と比べて桁違いに高く、事故進展速度はきわめて大きい。したがって、安全設備を増設しても、それを短時間に機能させなければ用をなさない。現在の審査書は、残念ながらハードウェアの設備状況を審査するにとどまり、それを運転する人間や組織は、あたかも機械の一部のように遅滞なく最短時間で動くという前提でシーケンス（作業の順序）を組み立てている。しかるに、福島事故時の資料、すなわち、「吉田調書」や「東電テレビ会議」などから窺える事実は、過酷事故という自らの命の危険も予期せざるを得ない事態に遭遇した時に人間は短時間に最適な動作を行うことができない、ということである。(注17)

むしろ、何が起こったかを認知することすら容易ではなく、少ない情報に基づいて判断したことへの確信が持てなくて躊躇したり、あるいは、目先の要因だけで判断して操作したことが取り返しのつかない失敗となった。

具体例を挙げる。「吉田調書」によれば、三月一三日二時四二分に、運転員が三号機のＨＰＣＩ（高圧注水系）を手動停止し、それを再起動しようとしたが、直流電源を喪失していたためにできなくなっていた。吉田所長は、自分に報告なく手動停止したことを叱責している。(注18)

(2) 審査書におけるシミュレーション例

審査書の中の重大事故のシミュレーションの一例として、大LOCA（大規模な冷却材喪失事故）と全交流電源喪失（ECCS失敗＋格納容器スプレイ失敗）の組み合わせの場合に、MCCI（溶融炉心―コンクリート相互作用）を防止できるかというシミュレーションを挙げる。図6-3は、大LOCA＋全交流電源喪失が認識された時に起動すべき設備をマークで示す。このうち、移動式大容量発電機と移動式大容量ポンプ（海水）は手動で搬送・接続・起動することが予定されている。図6-4は、その事態が発生した時の、事故進展速度と運転員たちが行うべき判断・操作に許される時間を図示している。

早期に電源回復が不能であることを見極め、三〇分余りの間に移動式大容量発電機を搬送・設置・接続・起動し、常設電動注入ポンプを起動して格納容器スプレイを起動する。もうひとつのチームは移動式大容量ポンプ車を搬送・設置・接続して、格納容器再循環ユニットに海水注入を行う。

これらのシミュレーションは、人間の能力の限界や事故時の現場の作業環境を無視したあまりに楽観的な前提に立っている。(1)で述べたように、福島事故の教訓を考えれば、事態を把握するだけでも容易ではない。福島において事実を把握できないまま時間ばかりが過ぎていった事象が少なからず存在し、その全貌は未だに解明に至っていない。スリーマイル島においてもチェルノブィリにおいても、

注17　政府事故調「吉田調書」七月二二日、二九日聴取分
注18　『東電テレビ会議　四九時間の記録』岩波書店、一三頁、七六頁

図 6-3　大 LOCA+ 全交流電源喪失時に起動・設置すべき設備

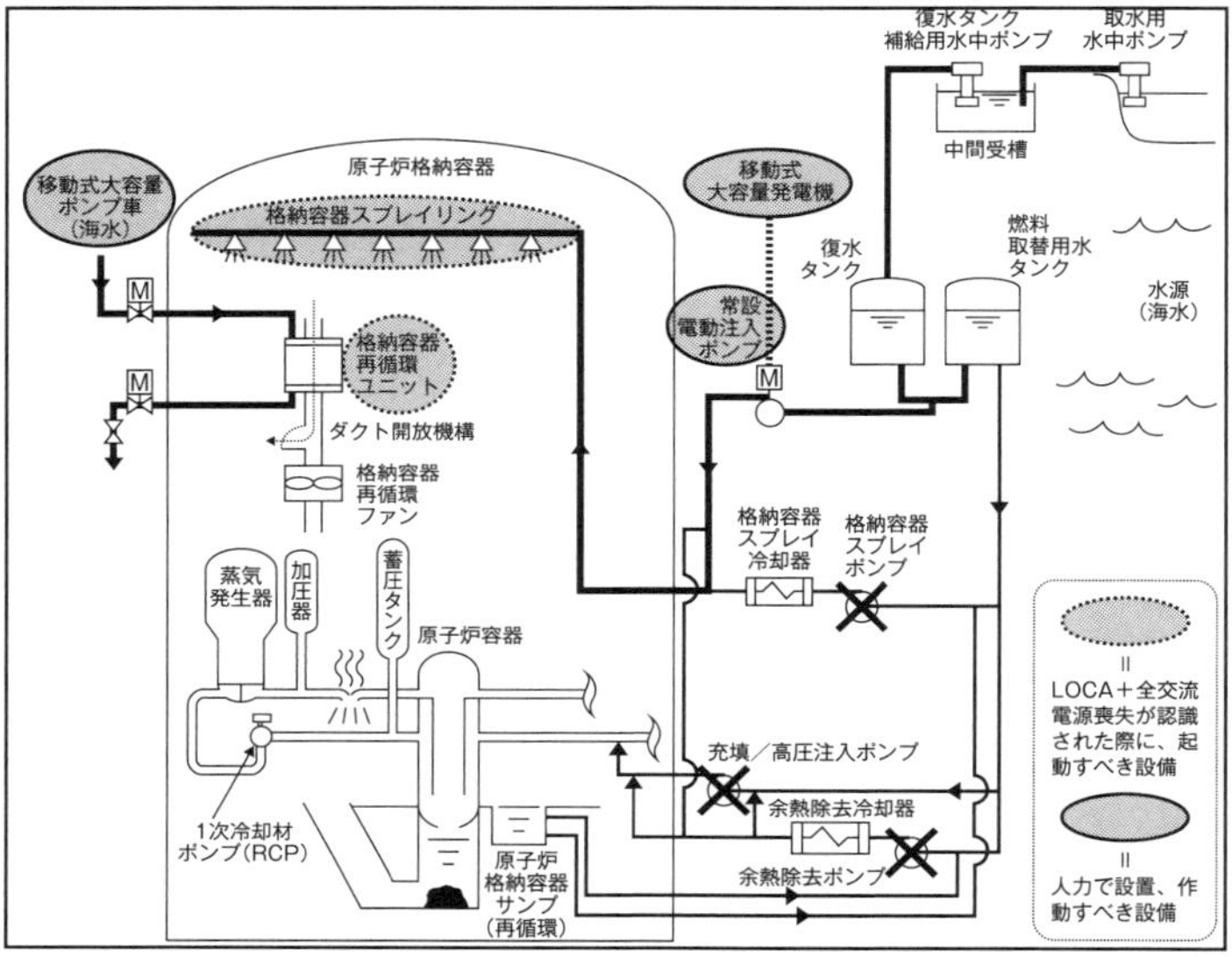

図 6-4　大 LOCA+ 全交流電源喪失シナリオ

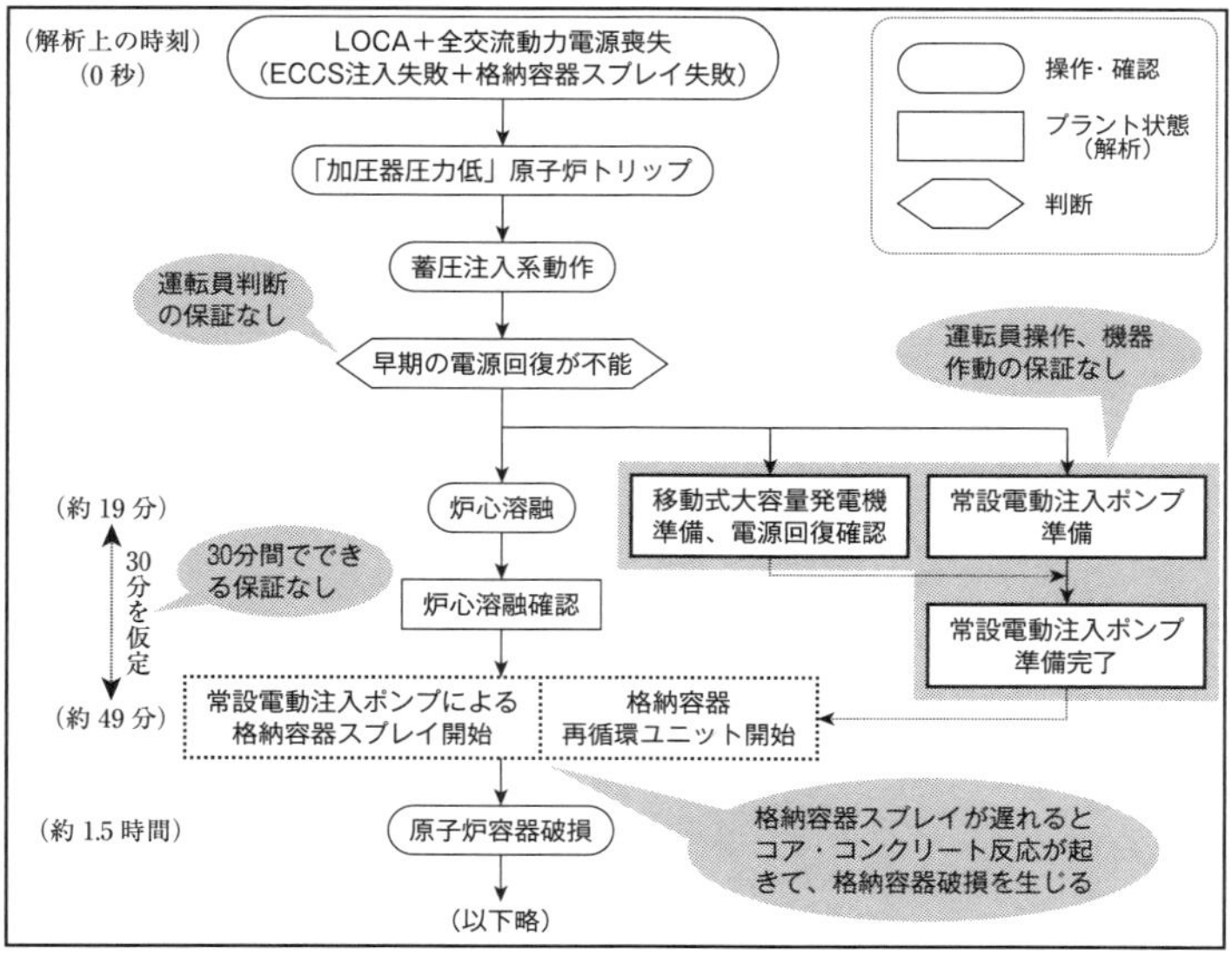

出典：井野・滝谷「不確実さに満ちた過酷事故対策」『科学』Vol.84 №.3、333 頁を再構成

運転当事者が現象を把握できないままに過酷事故に至ったことが伝えられている。つまり、人間の認識能力を超えた事象が起きる可能性はいくらでもあるし、仮に認識できたとしてもそれを検証する時間が必要であり、一定の確証を得て対処行動に至るには、三〇分程度の時間はたちまち費消されるであろう。

移動式の大容量発電機やポンプ車をしかるべき位置まで搬送する条件も、平時とははるかに違う。可搬型の重大事故等対策設備は、必要な離隔距離（たとえば一〇〇メートル以上）を設けた所に保管される。重大事故が地震、津波、火山噴火などの自然災害とともに発生した場合は、道路上にガレキが散乱したり、道路そのものが損壊したりしていて移動だけでも時間がかかる。したがって、現状の審査書に記された重大事故シナリオは、人間側の制約条件を考慮対象外とした、もっとも楽観的なシミュレーションと考えられる。

(3) 人間能力の限界

現行の審査書の論理は、ハードウェアのシーケンスに限定してシミュレーション計算を行ったものであり、少なからぬ「専門家」がそういう論理に立って、「こうすれば福島事故は重大事故に至らずに済んだ」、あるいは「軽度の被害に抑えることができた」と主張している。

しかし、人間の認識能力、組織の情報伝達・意思決定の手順、作業者の運動能力や作業グループの対処活動の迅速さなどには自ずと限界があり、停電や施設の損傷等の障害も付け加わるため、理想的な時間の積み上げ通りには進まない。不規則事態における人間能力や、人為ミスなどの要素をより現実的に検討すべきである。

さらに、福島事故がこの規模で収まったのは、さまざまな僥倖によることを今一度思い起こしたい。四号機の使用済み燃料プールにたまたま水が流入したこと、一五日早朝に六五〇人の作業員が福島第二に避難した理由は二号機の圧力容器と格納容器の圧力が上がって爆発の危険が予想されたからだが、幸運にも格納容器の亀裂だけで済んだことなどである。(注19)

これらの事柄を謙虚に勘案して、原発が抱える真実の姿を直視しなければならない。

既存原発を各種の外付けの事故対策設備追加で合格させる、追加設備の信頼性は問わない、事故時には外付けの機器を人力で接続する、ということになっているが、その信頼性は疑わしく、高放射線下の被ばく労働を前提にしている。これらは工業スタンダードから逸脱しており、竹槍とバケツリレーに近い。

放水砲でプルーム内の粉じんを洗浄するという対策も、事実上不可能である。

4　武力攻撃・「テロ」対策と戦争の想定

二〇一七年に入ってから、北朝鮮が弾道ミサイルの発射実験を繰り返している。その射程はアラスカにも届くと推定されている。当然、日本のすべての原発は射程圏内にある。そして、攻撃側から見て最も効果的なターゲットは原発である。もし運転中の原発を直撃すれば、福島原発事故以上の放射能が放出されるであろうし、停止中であっても核燃料のメルトダウンに伴って、相応の放射能拡散が避けられないであろう。

四月二九日のミサイル発射の際には、東京メトロ、東武線、北陸新幹線はいずれも約一〇分間、安全確認のために運転を見合わせた。脱原発弁護団全国連合会は、五月二日に「ミサイル攻撃の恐れに対し原発の運転停止を求める声明」を発し、稼働中の原発を停止し、日本へのミサイル着弾の恐れがなくなるまで再稼働しないことを求めた。(注20)

アメリカでは、「９・11テロ攻撃」以来、原発への武力攻撃に備えるように規制基準が改められた。しかし、日本ではまだ手探り状態である。(注21)

(1)　特定重大事故対処施設の規定

二〇一三年七月八日に施行された新規制基準は、「特定重大事故対処施設」の設置を要求している。その中の目玉は「テロ対策施設」である。現在国内の各原発で行っている「テロ対策施設」は、ゲートを設けて入出門管理を厳重に行い、不審者の入構を防ぐというものである。

実際、筆者が二〇一五年一一月に宮城県の東北電力女川原発を見学した時も、民間警備会社セコムからの派遣社員らが、入所者一人ひとりを慎重に確認していた。同一二月に福島第一原発を見学した

注19　政府事故調「吉田調書」八月九日聴取分

注20　脱原発弁護団全国連絡会　http://www.datsugenpatsu.org/bengodan/statement/17-05-02/

注21　「テロ」「テロ攻撃」という言葉は、武力攻撃の当事者が一方的に相手方を非難していう言葉であるので、ここではカッコつきで表現する。

時も同様であった。

しかし、テロというのは「武力攻撃」を伴うものではないのか？　従来、日本では人びとが武器を携帯して公共施設を攻撃するという乱暴な事件は起こらなかった。幸いに、原子力設備も無防備の状態で五〇年間運転してきて何の問題も起こらなかった。現安倍政権は日米同盟に忠実で、「積極的平和主義」（「積極的戦争主義」の言い間違いか？）を採用し、アメリカと同じ場所へ出兵しているために、日本もアメリカ並みに「テロ」への備えをしなければならなくなった。そうであれば、アメリカ並みに殺人のライセンスを持った武装警備員がフェンス沿いに一定間隔で銃を構え、武力攻撃を仕掛けてくる相手を軍事的に制圧する備えがなければならない。現状のゲートチェックシステムでは、ところ構わず集団で武力攻撃を仕掛けてくる相手に対して十分に対抗できるわけがない。

(2)「テロリズム」および戦争行為

原発に対する「テロリズム」および戦争行為については、武器をもって攻撃してくる相手を有効に制圧する武闘能力を備えると同時に、その傍らで、原発システムを安全に冷温停止まで導く、原発運転作業の中でも最も緻密で冷静な停止操作を実施することが求められる。

現在の日本の規制基準では、「テロリズム」や戦争行為に直接対処するのは警察の業務だから、事業者の対処が欠けていても問題ないとしている。しかし、担当者は誰であれ、システムが統一体として市民の安全を守ることが眼目であり、機能が分散して欠落したままの再稼働の容認は誤りである。

ちなみに、アメリカにおける原発の「テロ」対策は、一クルー五〇人規模の武装警備員の集団を配し（原発一カ所では一五〇〜二〇〇人を雇用。警備会社が全国の原発に派遣している警備員の総数は八〇〇〇人）、機関銃をもって複数の箇所から武装攻撃してくる破壊集団を完全に武力制圧するという構えである。その実力を試すために、ＮＲＣは模擬襲撃チームを派遣して実力試験をしている。また、原発の運転員は、武装攻撃を受けた場合に、スクラムのボタンを押して避難するというわけではない。制御室にとどまれない場合は、非常時用の第二制御室へ移って、その中で原発停止作業を冷静に行うとともに、外部の軍隊、警察、消防署に応援を依頼し、市役所などに連絡して市民の防災避難のための連絡を行う。(注22)

そのような軍隊並みの軍事組織を常駐させないで、武装攻撃を制圧しながら原発を安全に停止することはできない。日本の対策でも、警備会社から派遣された非武装の警備員にしろ、非常時にも冷静に原子炉停止操作を求められる運転員にしろ、通常の労働現場にはない特殊な労働契約が必要なはずである。そのような契約締結がなされているか否かを規制審査の対象にしなければ、「テロ対策」が実効性のあるものにはならない。

(3)　市民社会の中で育つ「テロリスト」

原発規制の一環として、敷地に立ち入る人たちの身元調査を行うようになった。(注23)果たして身元調査で「テロリスト」を把握することができるであろうか。

原発を襲うテロ行為のシミュレーション小説に、高村薫『神の火』、東野圭吾『天空の蜂』、若杉

注22　「日本の原子力安全を評価する」『科学』Vol.八六　№六、六〇五頁及び五九六頁
注23　「原発作業員に身元調査、電力会社など義務付け…規制委案」『毎日新聞』二〇一六年七月一三日

冽『原発ホワイトアウト』などがある。前二者の場合、犯人は原発の中で仕事をしている技術者が原発破壊を目論むようになるというストーリーである。つまり、外部者が侵入するというのではなくて、組織内部に「テロリスト」が育ち、ある日暴発するという展開である。つまり、外部への対策では不十分なのである。

ついでに言えば、『神の火』には、「一トンほどの火薬を装填した弾頭を持つミサイルが格納容器に命中したら、格納容器も圧力容器も壊れます」というセリフがある。(注24) 北朝鮮の核ミサイルはまさしくそれに該当するのではないか。大型航空機の故意による墜落や戦争まで視野に入れれば有効な対策はない。ただし、ヨーロッパの新しいモデルEPR‐一〇〇〇は図6‐1のように原子炉建屋(格納容器)を二重殻にして、大型航空機落下に対しても一定の耐性をもつ設計にしている。

(4) 原発存立の必要条件

このように考えると、原発が存立するには、社会が安定していることと、国際関係においても平和が維持されて、他国との間に軍事的な緊張関係が皆無でなければならない。

幸いに過去半世紀、日本社会は高度経済成長と所得配分のある程度の平準化が有効になされて、乱暴な破壊工作はほとんどなかった。国際的にも、憲法第九条を掲げて、自国から積極的に緊張を招く行為は慎んでいた。しかし、近年、掌を返すように、軍事攻撃を政府自身が唱導するようになった。

過去半世紀の私たちの生活実感のなかにはテロや戦争はないが、歴史をさかのぼれば、この国はわずか一五〇年余りのうちに三度の正規戦争(日清、日露とアジア太平洋戦争)と大規模内戦(戊辰戦争と西南戦争）を戦った実績がある。そして、過去半世紀の平和も自然発生的に備わったものではなくて、前の世代が血のにじむような努力を払って築きあげたものであった。敗戦直後の現憲法制定過程における代表的な議論を下記に引用する。一九四六年に矢内原忠雄（経済学者・元東大総長）はこう書いている。

日本の戦争放棄宣言は、政治的には他の世界諸国の善意に対する信頼である（中略）。日本の交戦権放棄は利益問題ではなく、理想の問題である。日本は世界諸国が日本に倣うて交戦権を放棄するや否やを知らない。従って世界の平和が確立せられるか、或ひは再び世界大戦が勃発するやを知らない。ただ日本の知るところは、他国は知らず日本は平和国家たるべきこと、而して平和国家たることは国家たるものの義務であり、国運を賭して追求する価値ある理想たること、之である。（注25）

周辺諸国はこの信頼に応え、以来日本を軍事的に脅かすことはなかった。そのお陰で、ほぼ五〇年間、海岸線に五〇基を超える原発を並べて、なんら軍事攻撃に対する警戒を行わないまま今日に至ることができた。

この平和な国際環境をみずから破壊しつつある今日、原発を維持する道は閉ざされたと言わねばな

注24　高村薫『神の火』（上）、新潮文庫、一九九五年、二三二頁
注25　「平和国家への道」『矢内原忠雄全集』第一九巻、二三〇頁。初出は一九四六年八月号

らない。

5 「白抜き」「黒塗り」で守るガラパゴス技術

原子力規制委員会は審査の透明性を謳っている。しかし、原発の安全を確認する設計や検討書類をまとめた「工事計画認可申請書」の公開されている文書は「白抜き」「黒塗り」が多くて、実質上、計算条件や判断根拠が読み取れない。

その隠ぺいの理由として、原子力規制委員会は申請者の「商業機密」保護を挙げている。しかし、計算条件や計算過程およびその結果は、一連の論理的な推論過程であって、「商業機密」に当たるものではない。既設設備の試験結果の判断も同様である。仮に若干のノウハウなるものがあったとしても、それの非開示を優先事項にすることに正当性はない。何千万人という国民の生命・財産を脅かす危険な原子力プラントの安全性判断を国民に明示することよりも、原子力プラント所有者あるいはエンジニアリング会社の「商業利益」保護を優先する行為は、原子力規制委員会という公的機関が、一部の事業者の瑣末な利益のために本来の使命を放棄しているといっても過言ではない。

(1) 「白抜き」の実例

① 高浜一、二号機の原子炉圧力容器の中性子照射脆化の補足説明資料

技術検討に必要不可欠なデータが図6‐5のように白抜きなっている。(注26)

図6-5　高浜4号機の中性子照射脆化資料

第5表　材料の関連温度並びに供用状態A及び供用状態Bにおける必要関連温度

名称	材料	関連温度（初期）（℃）	関連温度（調整値）（℃）	必要関連温度の最低値（℃）(注)
下部胴				
下部鏡板				
上部ふた				
上部胴フランジ				
上部胴				
入口管台				
出口管台				
トランジションリング				

（注）上部ふたについては、既工事計画認可申請書　原子炉容器上部ふた取替工事に係る工事計画認可申請書添付資料4「原子炉容器上部ふたの脆性破壊防止に関する説明書」（平成17・11・08原第6号　平成17年12月22日認可）による。

図6-6　非公開の断り書き

本資料のうち、枠囲みの内容は、商業機密あるいは防護上の観点から公開できません。

出典：工事計画変更申請書（高浜発電所第4号機の工事の計画の変更）関西電力株式会社、2015年12月9日、添16～18頁および表紙裏

②　高浜四号機の工事計画変更認可申請書の照射脆化の評価データ

もうひとつ、高浜四号機の工事計画変更認可申請書の中の照射脆化の評価に関する技術データの白抜きの例を示したい。(注27)

また、申請書の冒頭部分に、図6-6のように断り書きが記されている。(注28)

この断り書きの中には、「商業機密」と「防護上の観点」が挙げられている。「防護上の観点」というのは、破壊活動を目指す集団に対する防護と考えられる。そのような集団が緻密な技術上の詳細データを知るか否かで判断が左右されることは考えられないので、本稿では「防護上の観点」を議論の対象とはせず、「商業機密」を理由とする情報の秘匿に正当性があるか否かを論じたい。

表6-1　上流業務と下流業務

上流業務	企画段階・意匠・独自性を含む業務
下流業務	実施段階・汎用的手段・標準や規則に則ったルーティン業務

(2) 商業上の利益を毀損する場合

企業が作成した書類を「商業中の利益を守るために秘密扱いとする」ことが求められるケースは、具体的にはどういう場合であろうか。

一般に新規性のある技術を開発した場合に、その利益を守るために特許制度が設けられており、それによって、業界内他社に対する優位が保護されている。また、特許には当たらないけれども企業内に蓄えられているノウハウというものもある。しかしいずれであれ、新規開発技術は実装された時から陳腐化が始まり、通常一〇年程度を経過すると業界内では公知の技術となる。

現在、審査の対象にしている原子力プラントに関する文書は、設備の安全を確かめる強度計算や、金属部材の経年劣化に伴う検査方法と予測に係わる問題である。そういうものが競合会社に知られたからといって競争力が害される可能性はまず考えられない。市場競争力を維持するための「商業機密」として守秘すべき業務内容は、表6-1のうちの上流段階に位置して、その企業独自の意思決定に係わるものである。下流段階の計算などの業務は、いずれの会社でも業界共通のルールに基づいて行われる作業であって、同業他社に知られることによる不利益は生じない。

さらに計算書や試験方法のノウハウを秘密にする必要があるか否かという問題は、その市場における企業間競争の実態にも大きく左右される。現在問題にしている申請書は、四〇年近く前に建設された原発プラントのエンジニアリング内容に関するものである。しかも、既設のＰＷＲ型の原発を作ったのは三菱重工業一社であって、その既設設備の強度計算や検査方法を開示することが市場における商業上の優位性を害するとは考えられない。もしかして規制当局への審査書類の申請者は電力会社なので、関西電力の申請書を同業のたとえば九州電力に対して秘密保持をしたいという趣旨であろうか。だが非開示の規制庁ヒアリングには、同業の電力会社がオブザーバーとして傍聴していることが、会議の議事録に記載されているから、そのような意図でもないようである[注29]。以上を勘案すれば、「商業機密」というのは根拠がなくて、一般市民に対する隠ぺいが目的ではないかと疑われる。

たとえば、アメリカの国家的機密事項であったマンハッタン計画でさえも、同計画の目的が達成されてから一四年後の一九五九年に大部分の秘密は行政命令で解除されて、その計画の指揮をしたグローブス将軍は詳細な回顧録を公刊している[注30]。日本語訳の題名は『私が原爆計画を指揮した』である

注26 「高浜発電所一・二号炉　劣化状況評価（原子炉容器の中性子照射脆化）補足説明資料」二〇一六年三月一五日、関西電力、一八頁

注27 「工事計画変更認可申請書（高浜発電所第４号機の工事の計画の変更）」二〇一五年一二月九日、関西電力、添一六-一八

注28 前掲の高浜発電所四号機「工事計画認可申請書」表紙裏

注29 たとえば、「川内原発一・二号機の新規制基準適合性審査に関する事業者ヒアリング（五二二）」二〇一四年七月三一日の会合には、原子力規制庁一八名、九州電力五三名、北海道電力四名、関西電力六名、四国電力四名が出席している。　https://www.nsr.go.jp/data/000042105.pdf

注30 レスリー・Ｒ・グローブス、富永・実松訳『私が原爆計画を指揮した』恒文社、一九六四年、ii頁

が、その原題は“Now It Can Be Told”である。現在は、新しいＡＰ一〇〇〇やＥＰＲ一〇〇〇といったモデルが建設されつつあり、その建設者も韓国や中国のエンジニアリング会社であるという時代に、三〇年前のガラパゴス的設計情報をノウハウだとしがみついて、だれから守ろうというのだろうか。(注31)

原子力委員会は、「原子力利用に関する基本的考え方」を二〇一七年七月に策定した。その「原子力利用の基本目標について」の中で、「大前提となる国民からの信頼回復を目指す」と題して「双方向の対話等をより一層進めるとともに、科学的に正確な情報や客観的な事実（根拠）に基づく情報を提供する取組を推進する」と謳い、「原子力利用のための基盤強化を進める」と題して「知識基盤や技術基盤、人材といった基盤的な力は原子力利用を支えるものであり、その強化を図る」と述べている。(注32)原発の設計資料といった生きた情報を広く国民に提供することこそが、これらの目標を達成するに必要な条件ではないか。

(3) 安全問題の共有

現在規制当局が審査している事項は、新規技術の内容ではなく、プラントの安全性である。それは、同業各社に共通の問題であって、各社が市場で競合する内容ではなく、共有しながら業界全体として技術レベルを高めていくべき内容である。したがって、前記のように規制当局が審査会合を行う際に、同一モデルのプラントを有する同業各社を同席させて安全上の懸案を共有し、同じテーブルで議論することがあれば、それはむしろ歓迎すべき態度である。

そして、それらの安全性を確認するための情報を一般市民に対して秘匿する理由も存在しない。むしろ、原子力規制委員会は積極的に市民に対して安全審査の内容を開示し、市民の理解を高める義務がある。

(4)　品質管理とトレーサビリティ

現在、各種の設計資料（新規制基準適合性審査用の書類や工事計画審査資料など）はどれも、作成者、照査者、承認者の名前や日付が無くて、だれが責任を負うのかが不明である。この点について佐藤暁氏は次のように指摘している。

日本において、署名が黒塗りされた解析書や検査記録が公開されることがあるが、その価値はフィクションと同程度のものとなる。ＰＡ（Personal Accountability、個人的な責任遂行能力）を覚悟して作った文書の署名が黒塗りにされなければならない理由があるはずはなく、黒塗りは、そのクレディビリティの低さを意味するからである。米国のＮＲＣが公開している文書でも、そのようなものはまず見かけない。(注33)

（個人的責任遂行能力というのは）自分の過失が自分の損失として降りかかってきても仕方がない

注31　東芝のイギリス原発事業子会社ニュージェンが建設を計画する原発について「イギリス政府が韓国の原子炉ＡＰＲ‐一四〇〇を検討対象にすることを認めた、と韓国電力公社は七月一二日に発表した。「韓国の原子炉　英政府が検討」『日本経済新聞』二〇一七年七月一三日

注32　「原子力利用に関する基本的考え方」原子力委員会、二〇一七年七月二〇日、六頁

注33　「日本の原子力安全を評価する」『科学』Vol.八六　№.六（二〇一六）、六一〇頁

という意味の「自己責任」とはまったく異なり、自分の過失が原因で社会に迷惑をかけたときには社会に対してその償いをしなければならないという意味であり、それだけの覚悟をもって自分の業務を遂行しなければならないという意味でもある。(注34)

これは、電力会社の社員だけではなく、元請会社社員、機器納入会社社員、検査会社社員、規制庁職員も含めて、関係者全員に要求されていることである。

たとえば、スリーマイル島事故の処理が一通り終わってから、大部の報告書が発表されている。その中に収められているたくさんの報告で目を引くのは、それぞれの業務を担当した多様なエンジニアリング会社の責任者の文章である。たとえば、ベクテル、レッドゾーンロボティックス、ウェスティングハウス、バブコックアンドウィルコックスなどである。(注35) 現在福島事故現場で、東芝、日立、三菱などのエンジニアリング会社や鹿島、大成、大林などのゼネコンなどが働いていることが知られているが、具体的な働きは、めったに外部には知らされない。外部者に安心感と信頼を与えられるのは、それぞれの専門家がきちんと必要な業務を行っているという具体的事実を示すことであって、東電や政府が「きちんとやっているから安心しろ」という公式放送ではない。今もなお、経産省が事故直後の説明者に原発は素人の西山英彦氏を立たせて、事実にヴェールを掛けたことを忘れることはできない。現在行われている具体例は、第7章3項(1)でも触れる。

筆者がつねづね奇異に感じることは、新規制基準適合性審査のために各電力会社から提出される仕様書や図面の多くは、作成者や承認者の署名や日付を書くタイトルブロックもなく、だれがいつどの時点でこのような工法の決定をしたのかわからない、ということである。だれが専門家としての責任を負うのかが明示されていない図面や仕様書は、品質管理の責任をだれも負っていないというに等しいのである。

(5) 規制委員会の専門技術的裁量権と利益相反

原子力規制委員会は二〇一六年六月二九日に「実用発電用原子炉に係る新規制基準の考え方について」という文書を策定した（同八月二四日改訂）。この文書の内容は、各地の原発訴訟において被告になっている国や電力会社が行ってきた行為を事実上追認するものになっている。そして、実際に各訴訟にこの文書が証拠として提出され、裁判所の判断に大きな影響を与えている。この文章の「第一‐一　原子力規制委員会の独立性・中立性」には、同委員会が三条委員会として設置されたこと、および専門技術的裁量を有することを述べている（一頁以下）。また、「第一‐二　原子力規制委員会の専門技術的裁量と安全性に対する考え方」においては、「科学技術の分野においては……『絶対的な安全性』というものは、達成することも要求することもできないものであり、……相対的安全性の考え方が従来から行われてきた安全性についての一般的な考え方であるといってよい」と言っている。また、「エネルギーの利用、巨大な建築物、自動車、航空機等の交通機関、医療技術、医薬品の製造等」

注34　前掲書、六〇九頁
注35　JAERI-M 93-111「ＴＭＩ‐２の事故調査・復旧に関する成果と教訓」翻訳：日本原子力研究所、一九九三年
http://jolissrch-inter.tokai-sc.jaea.go.jp/pdfdata/JAERI-M-93-111.pdf

を例示し、それらが「上記のような相対的安全性の理念を容認することによって成り立っている」としている。

ここで問題なのは、原発が第5章1節に記したような、他の産業技術とは異なる規模の災害規模と、人びとには選択手段がないこと、また発電用の民生用産業施設として、その発電手段の採否に選択の余地があることを考慮に入れていないことである。

そのような選択において自由裁量を手にしているのであるから、公平性の確保は最小限の必要条件である。にもかかわらず、当事者の自己規律を求める姿勢がほとんど見当らない。そもそも原子力規制委員会が、このような文書を策定すること自体が国民の負託に反する行為である。過去の原子力安全・保安院がいわゆる〈規制の虜〉に堕していたから、それを廃して独立性の高い三条委員会を設立し、高潔な規範に基づいて原子力施設の安全審査を負託したわけである。にもかかわらず、委員の人選からしてこの期待が裏切られている。「利益相反」というべき例も少なくない。

現実の原子力規制委員会の委員構成は、三条委員会とは言いながら、田中俊一前委員長、更田豊志委員長、田中知委員は、原子力推進機関の出身者であり、事務局を担う原子力規制庁職員の大多数は旧原子力安全・保安院から移動した職員であって、しかも推進官庁である経済産業省への移動を禁じるノーリターンルールが十分に励行されていない。さらに、原子力規制委員会が構成する外部有識者委員会も、福島第一原発事故以前から推進側の言説を述べて来た人たちが大半である。組織上の公平性、市民への透明性において、大いに問題がある。

典型例として、二〇一四年九月に原子力規制委員会の委員に就任した田中知氏と二〇一七年九月に委員に就任することが決まった山中伸介氏についてみてみよう。

田中知氏は、東京大学で長年原子力工学を講じてきた人で、日本原子力学会会長、総合資源エネルギー調査会委員や原子力産業協会理事など、政府および産業界の原子力推進政策に長年寄与してきた中心的人物である。(注36) 同氏は日立GEニュークリア・エナジーや東京電力の関連団体から多額の献金や報酬を受け取っていたことも知られている。こういう利益相反を犯しても同氏を任命することに正当性を主張できると考える理由は何であろうか。おそらく、強い専門家崇拝がある一方、市民社会の公平性という感覚が欠如しているとしか言えない。

山中伸介氏は、大阪大学で原子炉の燃料の安全性に係る研究をしてきた人であるが、原子力関連の会社三社と日本原子力研究開発機構から研究費を約一六一〇万円提供されたと自己申告した。(注37) そして、就任が決まった際、原発の運転期間を「原則四〇年」とする現在のルールについて問われると、「世界的に見ても、少し短いかなと個人的には思う」と述べたことが伝えられている。(注38) 果たして厳正な規制審査を期待できるか疑問である。

注36　Wikipedia「田中知」https://ja.wikipedia.org/wiki/%E7%94%B0%E4%B8%AD%E7%9F%A5
注37　「原子力企業提供研究費の額修正」『日本経済新聞』二〇一七年八月七日
注38　「山中伸介氏『スピード感も必要』　原子力規制委員就任へ」『朝日新聞デジタル』二〇一七年六月一四日 http://www.asahi.com/articles/ASK6F7WWXK6FULBJ00P.html

第７章　悲劇などなかったかのように

1　廃炉技術の意見募集

(1)　トリチウム分離技術の公募説明会

二〇一四年六月三日、まだ福島原発事故現場の後始末に関する技術が定まらず、前年秋に設立された国際廃炉研究開発機構（ＩＲＩＤ）が、事故現場の後始末のために、汚染水対策や廃炉技術の意見募集を盛んにおこなっている時期であった。その日の午後、東京都内御成門の近くのビル内で、資源エネルギー庁と三菱総合研究所による「トリチウム分離技術の公募説明会」があった。これは、汚染水対策のための一連の技術公募の一環であった。第一回の技術公募は前年一〇月二三日締切のもので、筆者も二件応募した。第二回はこの年の一月三一日締切のもので、筆者も三件応募した。第三回の五月締切のものは見送ったが、この第四回は七月締切のもので筆者も興味をもって出席した。

公募の内容は次のようなものであった。東芝製多核種分離装置（ＡＬＰＳ）が順調に動いても、六二の核種の放射性物質は除去できるが、化学的挙動が水と同じトリチウムは除去できない。地下水が毎日四〇〇トン建屋内に流入するために、トリチウム含有処理水が日々同量増えていく。この時期、試験が完了したばかりの凍土壁が順調にでき上がって地下水の流入をブロックしても、毎日八〇トンは貯まる見込みである（トリチウム濃度は一リットル当たり一〇〇万ベクレルという高レベルである）。したがって、今後一年半のあいだにトリチウムを分離する技術を開発して、それから一日四〇〇トンほどの容量を持つ処理設備を建設し、追い追いトリチウムを分離してきれいになった水を海に流そうという計画である。ついてはトリチウム処理技術の開発を行ってくれる委託先を募集するというものであった。

説明会の会場には、民間の水処理に心得のある企業家たちが六〇〜七〇人集まった。外国企業からは二社が出席していた。前年の第一回技術公募のときは、説明会に三〇〇人ほど集まり、応募件数は七八〇件もあった。けれども今回は、特殊分野であったためか参加者は比較的少なかった。

説明会の予定は二時間で、はじめの一時間は資源エネルギー庁の担当官二人が内容を説明し、募集事務を下請けしている三菱総合研究所の担当者二人が事務手続きを説明した。後半の一時間は質疑応答に当てられた。質疑に入ってから次のような問答が交わされた。

Ｑ１　試験用のベンチプラントを福島第一の構内に建設することは可能か。

Ａ１　不可能である。ＡＬＰＳからの処理水を福島第一の構内で渡すので、運搬以降は受注者の責任で行っていただく前提である。

Ｑ２　運搬のために市中の一般道路を使ってトリチウム水を通過させるとすれば、通過する各地方自治体の許可が必要になる。その種の手続きは、経産省がやってくれるのか。

Ａ２　可能な協力はするが、基本的には受注者の責任でお願いする。

Ｑ３　実験プラントをわれわれの会社の敷地に作ろうとすると、地元の自治体に計画図面を提出して承認をもらわなければならない。実験プラントの結果を踏まえて実プラントの性能保証ができるためには、少なくとも一〇分の一規模のプラント（四〇トン／日）を作らなければならない。そういう手続きに役所へ行けば、近隣の住民が大騒ぎして、とても実験プラントを建てることはできない。経産省はそういう手続きを通すようにと、地元の自治体を説得してくれるのか（関東地方の企業の担当者）。

A３　基本的には受注者の責任でお願いする。

Q４　トリチウム濃度の測定を行ってくれるところを紹介してほしい。トリチウム分離設備は今まで市場になかった技術開発となるので、測定設備や専門の人材はどこにもいるわけではない。実は、私は農水省傘下の研究所や東北大学に頼んでみたが断られた。環境省や文科省傘下の研究所でどこかやってくれるところはあるのか。

A４　その種のアレンジはとくに考えていない。測定も受注者が自社で行うなり、どこかへ頼むなり、ご自分の責任でやっていただきたい。

Q５（会場の複数の声）　われわれは、国が困っていると思うからこうしてなんとか出来ることをしようと集まってきている。「国」というのは誰なのか。経産省は「業者に丸投げするから全部お前らの責任でやれ」という。農水省も文科省も環境省も知らぬ顔を決め込んでいる。あなたがたは汗をかいて一緒に働こうという気がないのか。今の条件ではわれわれは進めたくても進められない。それを言っているのに、「国」は何もしないのか。何のために動きが取れないわれわれをここに呼び集めたのか！　われわれは国が困っているというから、自分が被曝してもこの技術を開発しようと思ってここへ来たのだ！

A5（担当官ら）　すみません。そこまで用意してなかったものですから……。
Q6（ほかの発言者）　トリチウム分離というのは（大きな規模では）世界中でやったことがないのだから、開発会社を一社だけ選ぶのではなくて、複数の会社を選んで同時並行的に開発させるべきだ。東芝のALPSを見よ。一社に決め打ちで開発から実用設備まで一貫してやらせたから、今の体たらくなのだ。

この発言には、「そうだ、そうだ」と共感の合唱がおこった。この日の会合は、糾弾の声が飛び交う中で時間切れ解散となった。

資源エネルギー庁の官僚というのは仕事をする人びとなのだろうか。技術公募というのは形だけの儀式で、実際は息のかかったところに随意契約で丸投げするのではないか。凍土壁の入札公募に対しては、応札者がジョイントベンチャー一組だけであったことは、第4章1節に書いた。トリチウム水の処理方針はいくつかの案を審議会が検討しているが、二〇一七年一〇月現在、まだ方針が決まっていない。私たちの提案は第4章3節に述べた通り大型タンクを作って一〇〇年以上保管することである。

(2)　学会の人びと

①　学会の専門家たち

二〇一四年五月一四日に日本学術会議の福島第一事故原因に関するセミナーを聞いた。また、同一六日には電気協会の「学協会規格改訂」のセミナーを聞いた。学協会規格改訂というのは、日本機械学会、原子力学会、電気学会がそれぞれ原子力技術に関する規格を作っているが、福島事故の反省を踏まえてあちこち改訂しなければならなくなったという意味である。セミナーは、それをどういう態度で進めようかという意見交換の場であった。両セミナーとも今までは会員内だけで行っていたが、今回初めて会員以外に公開したのだという。

そう言いながらも、部外者の筆者の印象を率直に言えば、「専門技術は他の分野の人びとには分からない」「専門技術は専門家の裁量に任せておけば良い」という意識が前提になっていた。

電気協会の規格改訂セミナーにおいては、原子力規制委員会の更田豊志委員がパネリストとして登壇していて、「学協会活動においては、実際に働いているのは業界（企業）の人たちなのだが、この人たちは学界の人たちを表に立てて裏に隠れている。名前を表に出して実際の活動に見合った責任の所在を明示すべきではないか」と発言していた。

これは至極真っ当な意見である。それぞれの個人が責任主体として発言する場がなければ学問の進歩はなく、理論であろうと応用技術であろうと内発的な進歩を望むことはできない。

②　業界団体の声明書

二〇一四年五月二一日に下された福井地方裁判所の原発運転差止決定を受けて、日本原子力学会は「関西電力大飯原発三、四号機運転差止め裁判の判決に関する見解」を発表した。また、経済三団体は連名で「エネルギー問題に関する緊急提言」を発表した。

前者は、三つの論点に対して「国民に誤解を生じさせる懸念がある」と主張している。

A．事故原因が究明されていないという指摘は誤っている。原子力学会が明らかにしている。

B．ゼロリスクを求める考え方は誤りである。

C．工学的な安全対策を否定する考え方は不適切だ。

これらの見解も、真理は専門家だけが理解できる。安全問題も専門家の裁定に委ねるべきだ、という考えに凝り固まっている。せめて次のように考えてほしいものだ。

A．現場へ入れない状態なので、鉄道事故や航空機事故でなされるような事故究明はなされていない上に、さまざまな専門家が異説を唱えている（例：国会事故調など。東京電力も「福島第一原子力発電所一～三号機の炉心・格納容器の状態の推定と未解明問題に関する検討」という報告書を四次にわたって公表している）。原子力学会の説が唯一の正解だという考え方そのものが間違っている。

B．どれだけのリスクを社会が許容するかという問題に回答を出すのは原子力学会ではない。

C．工学的安全対策とは、技術職が持つ相場観のようなもので、それを受け入れることを原子力学会が社会に強制する権限はない。

さらに、経済三団体は、経済損失が発生するから、

A．原発の再稼働を急ぐべきだ。

B．再生エネルギーの固定価格買取制度と地球温暖化対策税はやめるべきだ。

と主張している。市民に経済界の都合を押し付けてよいという傲慢が前面に押し出されている。

③　必要条件と十分条件

原子力規制委員会―規制庁の人びとは田中俊一委員長をはじめとして、「新規制基準への適合性審査というのは、基準に適合しているかどうかを審査するものであって、安全性を保証するものではない」と言っている。他方、安倍首相をはじめとする政府閣僚は、「規制委員会が安全と判断した原発から再稼働する」と言っている。安全の確認という行為において、規制当事者は「必要条件をチェックするだけ」と言い、内閣は「十分条件が確認された」と受け取っている。意図的に論理をすり替えているフシもあるが、要するに「専門家が安全と言っているのだから、四の五の言うな」というのが行政責任者の態度である。ここにも、専門家の判断にすべて委ねるべきという考え方が色濃く打ち出されている。

2　〈コミュタン福島〉の空虚

二〇一六年一一月一三日、筆者は、仲間とともに福島県浜通りを車で南下し、いわき市のインターチェンジから高速道路を中通りへ向かって、この年七月に三春町で開館したばかりの〈福島環境創造センター〉施設の展示館〈コミュタン福島〉を見学した。

(1)　国道六号線に沿う町

国道六号線は、原発事故によって広く放射能に曝された福島県浜通りを抜ける幹線道路である。沿線の浪江町、双葉町、大熊町の住宅地の大部分は未だ立ち入りが許されていない。筆者らはこの九カ月前にもここを通った。早春二月、原発事故から五年目を迎えて全面開通したばかりの時期で、工事作業車や運搬車でごった返し、土埃が舞っていた。今回は紅葉が美しく色づいた晩秋で、日曜日のせいか車輌が少なく監視員も疎らだった。

最大の被ばく地、浪江町、双葉町の町なかは時間が止まったかのようで、人の気配が消えて、金属の矢来に閉ざされた住宅や商店が並ぶばかりであった。

楢葉町まで南下して、Ｊヴィレッジの広い敷地を廻った。木立ちに囲まれたモダンな建物が点在するこの施設は、福島事故の収束、廃炉に向けた対応拠点として東京電力が使用していたが、二〇一七年三月までに福島県に返還されることが決まっており、二〇二〇年の東京オリンピックで海外選手団の練習場、合宿所として使用されるという。

(2)〈福島環境創造センター〉

三春町のインターチェンジで高速道路を降りたが、〈福島県環境創造センター〉の場所は容易に分からなかった。カーナビにはもちろん無いし、路上の標識も見当たらない。ようやく辿り着いた工業団地の中のセンターは、ほとんど広い駐車場と建物だけの味気ない施設だった。低層二階建ての横長のビル。向かって左が研究棟、中央が本館、右が「交流棟」と呼ばれる展示館。研究棟ではロボット開発など廃炉のための技術研究を含め、約五〇件のテーマに取り組んでいるとのこと。見学者が立ち入れるのは交流棟〈コミュタン福島〉のみであった。そして、この〈福島県環境創造センター〉は今後の被災地域の最先端町づくりの嚆矢のようである。

現在福島県は、浜通りの各都市に研究拠点を配して新しい産業を興す〈福島・国際研究産業都市（イノベーション・コースト）構想〉を進めている。元の住民は帰還しなくても、よそから新しい住民を呼び込んで〈福島浜通りロボット実証区域〉、〈エネルギー産業関連プロジェクト〉、〈農林水産分野イノベーションプロジェクト〉などを構想している。つまり、住民ごと生まれ変わるという構想である。(注1)現在避難中の人たちが、自分たちのアイデンティティを取り戻すために、事故以前のコミュニティの「復興」を夢見て異郷で困難に耐えていることを顧慮せず、町の性格からも住民からも根底から断絶した社会を〈創造〉しようとしている。

(3) 〈コミュタン福島〉の展示

エントランスに置かれた福島第一原発のパノラマ（ミニチュア模型）が爆発で吹き飛ばされたままの姿を再現している。タイトルは「ふくしまの3・11から」。原発事故を出発点に「ふくしまの新たな歩み」がスタートするという位置付けである。壁面には地震、津波、原発事故と時系列に記されたパネルが並び、この事故があたかも自然災害の延長かのように展示されている。そして、当時から現在までの新聞記事も掲示され、「福島復興のあゆみ」を辿るようになっている。(注2)

最初の展示コーナーは〈ふくしまの環境の今〉。広いフロアに放射能の計測器や放射線を視認できる霧箱などが配置された〈放射線ラボ〉がある。「知る」、「測る」、「身を守る」、「除く」の四つコーナーから成り、実際に計器などに触れることができる体験型展示になっている。

モニタリングポストのブースでは、放射線濃度で色分けされた被曝地全域の地図と年度によってその減衰を表したグラフや、今の濃度値をオンラインで確認できるモニタリングポストからの直送データ表示と、このブースはなかなかの優れモノである。

このセンターの目玉は、〈環境創造シアター〉と名付けられた巨大な球体である。その内部が球面のドームシアターになっている。

「お待たせしましたァー」と、勢いよく開かれた扉に吸い込まれるようにドームシアターの中へ。全方向三六〇度の球体スクリーン。中央に陸橋を小さくしたような宙に浮かんだ桟橋。観客はそこから立ち見で映像と向き合うカタチである。シアターだけでウン億円と目算した。センターは相当に金を喰ったハコモノである。いよいよ上映開始！　まずはＣＧ画像による放射性物質や放射線のきわめて楽観的な解説から。シュノーケル（主観移動）アングルで視線が振り回され、まるでジェットコースターに乗っているようだ。この一編は実写の除染作業シーンでエンディング。

次は空中撮影を駆使した（おそらくドローンによる）観光映像。福島県出身の俳優、西田敏行の『釣りバカ日誌』「ハマちゃん風」の和やかなナレーションに乗って、福島の美しい自然、四季を巡る故郷讃歌の一編である。

それにしても三六〇度スクリーンは体に負担がかかる。画面移動の連続で乗り物酔い状態に。全方

注１　「福島・国際研究産業都市（イノベーション・コースト）構想の動き」福島県　http://www.pref.fukushima.lg.jp/site/portal/innovation.html
注２　「コミュタン福島」福島県環境創造センター交流棟　http://www.com-fukushima.jp/about_us/comutan.html

向といっても見ているのはほぼ前方のみ、人の視覚機能が追い付いていかない。おかげで映像のディテールやストーリーが飛んでしまい、ほとんど内容を覚えていないありさま。

フラつく足を踏みしめシアターを後に。階段を降りて、大スクリーンとベンチが配された休憩スペースのような〈環境創造ラボ〉へ。大型モニターに映し出されるのは今更ながらの再生可能エネルギー、循環型社会、エコライフの提唱。明るい未来を謳い上げる締めのコーナーなのだが、他の展示に比べ力が入っておらず、取って付けたような印象である。軽い酩酊状態の私たちは、実のところ内容が頭に入らなかった。

ホール出口（一回りして戻った入口）付近で心に引っかかったのは、見学に訪れた子どもたちの感想文パネル。「放射線のことがわかって怖くなくなりました」、「除染作業員のみなさんありがとう」、「美しいふるさと福島のために私もがんばります」云々。子どもは大人の意にすり寄るもの。そうすれば褒められることを心得ている。こうした「良い子のお答え」だけの羅列から、この施設の狙いや本音が透けて見えてくる。再び事故原発パノラマの前を通って見学は終了する。そうか、原発事故パノラマを子どもたちのメッセージが受けるカタチで対になる導入構成になっていたのか。

「あの模型よくできてたわね。事故後の様子がそのまま丁寧に作られていて」とメンバーの一言。ストレートに事故と向き合った展示はそれだけと言っていい。この施設は事故を既成事実（当たり前の与件）とするところから発想されていたのだ。

事故原因の究明や被曝の実態、急増する子どもたちの甲状腺ガン、核廃棄物の最終処分など、未解決の問題からは目をそむけたままであった。

(4) 子どもたちへ伝えようとしていること

出口でチラシや冊子をもらって、天高き晩秋の陽光眩しい屋外へ。手元の冊子は環境省発行の児童向けパンフレット。『調べてなっとく放射能』と『データでなっとく、まんが、なすびのギモン 健康影響編』の二冊。なるほど放射能に怯える子どもたちを説得、納得させるためのパンフレットだった。

二冊のポイントは、

① 放射線は自然にもあるもので特に怖れることはない。
② 放射線は時と共に半減するから時間が経てば大丈夫（例として半減期約二年のセシウム１３４）。
③ 人の体には放射性物質を排出する機能、細胞修復の機能があり、医療使用なども含め多少の被曝は心配ない。
④ 除染によって汚染地帯は浄化され、除染後の居住、日常生活に支障はない。
⑤ データによっても放射線レベルは着実に低下してきている。生活圏は安全安心、などなど。

センターのテーマは、「放射能の（希望的な）理解、除染による克服」と「自然・郷土愛の鼓舞、帰還による復興・ふるさと回復」の二つだけである。人災である原発事故、原子力ムラの利権体質と傲岸、東電と国の非情な対応、そうした社会的本質には触れず、あたかも津波のような自然災害と同列に扱っている。

象徴的な展示が〈放射線ラボ〉にあった。除染の進行が小さな電飾パネルに表されている。一〇〇軒の家を並べたグラフ。今は三軒のみに未完了のランプが点灯。九七％の除染完了が示されている。

しかし待てよ。除染の範囲はそれぞれの家の敷地二五平方メートル圏内。それ以外はほぼ手つかずのままだ。山や森にばらまかれた大量の放射性物質が雨や風、水流によって降りてくれば元の木阿弥ではないか？　阿武隈山系全体を丸裸にして除染するのでなければ本来の自然も生活も取り戻すことなどできない。残された後三軒のランプは居住禁止区域の撤廃、帰還の促進でやがて消え、復興の掛け声も国を挙げたオリンピックの喧騒に呑み込まれていく。まるで「原発事故などなかった」かのように。

「美しい福島の自然」、「わが郷土・わが町」礼讃。その美しい自然を、町を、放射能で汚し、存亡の危機に陥らせたのは何だったのか？　誰だったのか？　その張本人たちが、そのまま主導する復興計画「ふるさと回復」とは一体何なのだろう？

高額の復興補助金（税金）が投入されたであろうこの福島環境創造センターは、施設側の都合に合わせて、子どもたちの校外学習、団体見学を行って、上意下達、国や県の主導で、その意向を一方的に伝える施設と見受けられる。その活動と動向にこれからも注目していきたい。

この施設の目玉の一つは、福島県内に多数設置されている放射線モニタリングポストの数値を、地図上でクリックすると直ちに電光表示してくれることである。しかも、過去のデータを呼び出して比較することもできる（その相対値こそ展示者が対策進捗をアピールするための強調点と見える）。データの数値はきわめて高いところもあるし、低くなったところもある。けれども、どうにも素直に納得できない。

化学プラントからの公害が発生した場合には、発生源を調査し、流出口を子細に測定して、流出汚染物質の総量を把握する。発生源を特定して再発防止措置も完全に実施する。しかし、原発からまき散らされた放射性物質はヒロシマ型原発の一六〇倍規模であり、はるかに遠方でもホットスポットがあったりする。測定はしらみつぶしに行われているわけではなくて、偶然発見された数値が表示されているにすぎない。面としても積算総量が不明である。さらに今後の空気中の飛散や河川水による流下、地下水による移動などの予測も分からない。すでに報じられているように、現在各所に設置されている「モニタリングポスト」は、舗装されたエリアの中に据え付けられていて、五メートルほど離れた草むらの中では、それより三倍の数値が観測されるというインチキが周知の事実となっている（筆者も測定を行ってそのことを確認した）。

したがって、現在のうわべを飾る展示が良識ある人びとに説得力を持たないであろうこと、批判的な判断力をもたない児童生徒をいたずらに誘導しようとしていることを感じざるを得ず、教育上からも深刻な悪影響をもたらす懸念を禁じ得ない。

3　廃炉シンポジウムに見る現状肯定へのアピール

二〇一七年七月二日、三日の両日、福島県浜通りの広野町といわき市で、原子力損害賠償・廃炉等支援機構が主催する「第二回福島第一廃炉国際フォーラム」が行われた。筆者は、本書第4章2で論じたような、「中長期ロードマップ」を中心とした事故現場の後始末作業の進捗状況や技術的課題を、当事者および外部専門家たちが議論するシンポジウムであろうと考えて参加した。しかし、様相はかなり違うものであった。

(1) シンポジウム第一日目・広野町中央体育館

このときの廃炉シンポジウムの初日の会場は広野町の中央体育館だった。そして、この日は一般市民を対象にしたものであるとの予告があった。午前一〇時開会であったので、前夜いわき市で宿泊し、仲間と三人で車に同乗して会場へ向かった。

梅雨の晴れ間というには強すぎる日射しの中を車で北上すること三〇分あまり、広野町のランドマークともいうべき東京電力広野火力発電所の二本煙突が見えて来て、広野インターで高速道を降りる。ほどなく国道六号線の広野町役場前信号を右折して、めざす広野町中央体育館に到着する。裏手の丘の上の駐車場に車を止める。

体育館前にはテントが設えられ、昼食の弁当のために町の女性たちによる大鍋での調理も始まっていて、大きな野外食堂の趣である。館内はほぼ満席。日曜日ではあるが、原発業界のビジネスマンとおぼしき集団を中心に、参加者は五〇〇人を超えている。高校生の一団が中央の列を占めていて目につく。外国人も一〇〇人近くはいる。準備を含め動員された町民もかなりの人数と思われる。

定刻になると、原子力損害賠償・廃炉等支援機構の山名元理事長の開会の辞を皮切りに、経産副大臣、福島県知事、広野町町長とお定まりの来賓挨拶が続く。基調講演はＩＡＥＡ事務局次長Ｊ・Ｃ・レンティッホ氏。福島第一原発の現状や廃炉プロセスの説明、収束作業の進展と成果の強調がなされたが、目新しい情報はなかった。

図 7-4　立派な広野中学校

さて、基調講演が終わってからがこの日のメインイベント〈レクチャー&ミニワークショップ〉が始まった。「三〇分で分かる1F廃炉『何が分からないかが分からない』の先に」などという人を食ったようなサブタイトルが付されている。登壇したのはファシリテーター（進行役）の開沼博氏。まずはパワーポイント映像を交えながら赤子を諭すようにレクチャー開始。そして、参加者それぞれの廃炉へのスタンスを確認する記入カードを配布して、誘導尋問的に模範解答を記入させる。さらに近くの人たち（見ず知らずの前後左右の参加者）が差し向かいになり意見交換をと誘導をする。

筆者らのグループは六人。筆者と二人の仲間が、三人の北米人と向き合った。サリー装束の女性（中東系カナダ人）と同僚の年配男性二人。年長の男性がほとんど一人で喋りまくり、仲間が英語で応対する。要するに司会者が誘導しようとしていることは、「事故原因や事故責任を考えるのはやめよう。今ここに困った状態があるから、これをみんなで力を合わせて解決しよう。

図 7-5　照明付き広野町グラウンド

みんな仲良く頑張れば、幸せが来る」という〈一億総ざんげ的大政翼賛〉の論理である。せめても、合理的な後始末計画はどうあるべきか、という議論を期待していたが、「専門家のみなさんが知恵を絞って、われわれの代わりにむずかしいことに取り組んでいる。そして大勢の労働者諸君が放射能被ばくのリスクをものともせず、犠牲的精神を発揮している」ということを認識し、「兵隊さんありがとう」という銃後の国防婦人会を養成するかのようなワークショップであった。「なんだか中学生のホームルームだね」と言うしかなかった。

私たち三人とたまたま向かい合うことになった北米からの三人は、さすがに開沼氏の論理は理解できなかったらしく、全体の流れとは無関係に、原発の危険性と事故炉の後始末の困難をまくしたてていて、私たちも「はいはい、ごもっとも」と抵抗しなかった。

昼食を体育館前の広場のテントの下で取った後、裏手の丘の上の駐車場へ登った。駐車場の周囲は広い台地になっており、立派な中学校や夜間照明塔付きの芝生のグラウンドやテニスコートなどがあって驚かされた。

広野町は二〇一三年三月三一日に避難解除されたが、原発事故の直後から、その収束のための前線基地となっていた。町の北部、Ｊヴィレッジの管理が国に移り、東電と自衛隊の対策本部が置かれて全国から除染や現場処理の作業員が集まって来たためである（二〇一四年には、町内常駐の関連会社、復興関係八〇社、除染関係三一社、火力発電所関係三〇社）。

帰還者が、全住民の二五％に満たなかった頃（二〇一一年三月一一日現在の住民登録者数は五四九〇人で、二〇一四年二月二五日現在の帰還者は一三五〇人）には町で暮らす作業員が二六〇〇人を超え、帰還者の二倍近くに達するほどだった。[注3] 二〇一七年五月二二日現在、広野町の帰還者は三九二七人（住民登録者の七〇％）だが、復興事業の前線基地、作業員たちとの共生という町のあり方に変わりはないという。東電からは広野火力発電所にＩＧＣＣ、石炭ガス化複合発電を導入する計画が提案されていることが[注4]報じられている。二〇二〇年運転開始、二〇〇〇人の雇用が見込めるという一大プロジェクトである。二〇一三年の町長選で当選した遠藤　智町長はもともと東電関連企業出身者、その絆は強い。

そう言えば、この日のシンポジウムには奇妙な活気があった。町内会イベントのノリがあった。外来者のもてなしも手馴れたもの。なるほど、広野町でのシンポジウム開催に納得。事故処理事業の縮小撤退の後は、廃炉事業の基地となる「新しいまちづくり」が〈エネルギーのふるさと・広野町〉の

注３　「人口減　作業員増で財政難　広野町、住民税入らず」『毎日新聞』二〇一五年一二月二七日
「広野町の状況」福島県　復興情報ポータルサイト　N.pref.fukusima.lg.jp/site/portal/26-5html

注４　東京電力「再生への経営方針」二〇一二年一一月七日

目指すところだろうか。

(2) シンポジウム第二日目・いわき市ワシントンホテル

朝からの炎天下、いわき市の目抜き通りを歩いてこの日の会場、ワシントンホテルに向かう。三々五々、ビジネススーツの人たちが道に溢れてくる。ラッシュアワーを急ぐ人びとの塊が、そのままエスカレーターを上って三階の大広間アゼリアへ吸い込まれる。

横長の会場へ入ると、正面の演壇を中心に三つの大きなスクリーンがならんでいる。会場はビッシリ、明らかに昨日よりも多い。後に参加者七〇〇人（うち外国人一〇〇人）とアナウンスされた。しかも、この日は専門家向けフォーラムという触れ込みである。

昨日同様、山名理事長の開会挨拶、いわき市長の来賓挨拶に始まって、講演と報告が続いていく。まずは経済協力開発機構（OECD）の原子力機関（NEA）事務局長W・D・マグウッド四世氏の廃炉ビジネスをテーマとした基調講演。世界に先駆ける廃炉事業は大いなるビジネスチャンスであるとか、被曝した福島県の当該市町村を中心に国を挙げて取り組もうという、目前の惨状を度外視した呼びかけ。

次は東京電力ホールディングス（HD）福島第一廃炉推進カンパニーCDO、増田尚宏氏の現場状況の報告。作業環境がいかに整備されてきたか、作業服やマスクがいかに改善され作業員の安全性が向上しているか、凍土壁作動への期待など、こちらも万事滞りなく進んでいるような説明である。

続いて原子力規制委員会—原子力規制庁審議官、山形浩史氏の講演。廃炉作業のプロセスと安全性がテーマだが、当たり障りのない内容でいまいち印象に残らない。それよりも、何故この場に規制庁なのかという疑問に気をとられてしまった。もともと保安院（当時）職員で、原発事故直後には山形氏自身も東電に派遣され、東電の技術者や保安院職員を指導して事故の収束に当たったという。

東電ＨＤ福島第一廃炉推進カンパニー、解析評価グループマネージャー溝上伸也氏は、検査ロボットが撮影した格納容器内の映像を示しながら一号機から三号機までの原子炉内部とデブリの状態（推測）を説明した。現状では格納容器付近は高線量で人が近付けず、具体的な廃炉作業に着手する目処は立っていない。

その後、国際フォーラムという看板にたがわず、専門家五名（日本人二名・外国人三名）による午前中のワークショップが始まった。タイトルは「デブリ性状評価（ＭＣＣＩを含む）について」。要はデブリの組成の解説なのだが、事故の状況を実験室で再現して、デブリに近い物質を模擬的に生成してみたという報告。現実の取り出し作業やスキルといった、作業の実務とはかなり距離がある。科学オタクの趣きで、新しい情報にも乏しい内容だった。

午後には「燃料デブリの取り出し時の安全リスク評価について」、また「廃棄物対策について」の別の専門家ワークショップがあった。

(3)　天界と下界

避難解除地域や多くの未帰還者、損害賠償訴訟問題を残したまま、廃炉・廃棄物処理のコンセンサスづくりを急ぎ始めたのはなぜなのだろうか。ネットやテレビで目につき始めたのはほとんど今年

（二〇一七年）に入ってからだと思う。

実は今回のイベント参加で一番強烈な印象を受けたのは、主催者側の人たちの余裕と、その優雅な立ち居振舞いだった。特にOECDやIAEAの外国人紳士たちは王族を思わせるリュウとした身なり、壇上の日本人たちもみな品がいい。一般に科学者や技術者のシンポジウムとかフォーラムと銘打った会合に行くと、壇上も客席もラフな格好で髪振り乱したような専門家がほとんどである。私たちが目撃したのは路頭に迷い疲弊する被災者たちを尻目に闊歩する、国際原発貴族という趣きだった。

昨日の参加者五〇〇人、今日の参加者七〇〇人、遠い外国からの出席も一〇〇人規模に上る。そのほとんどが原発関連の企業・団体からの参加者。つまり出張旅費や日当が付く〈仕事〉としてきている。今回のイベントの（各会社負担分も含めた）総経費はいくらだったのだろう。その原資は電気代だったり、多くの国民の血税ではないか。

世界が二つに引き裂かれている。自然の豊かな風景と、人の営為によってもたらされた廃墟。地を這う被災者たちと、高みから迂遠な理屈を説く原発貴族。

(4) 鉄腕から張り子へ

廃炉国際フォーラムの第二日目の専門家シンポジウムでは、目下の緊急課題である現場作業に関する報告は増田CDOと東電の溝上グループマネージャーによる「炉内状況推定についての報告」だけで、外国からの専門家約一〇人と、日本の学者約五人の報告は、福島現場に特定しない一般論が主体であった。

私たち三人は客席中央付近の横一列に座っていた。その前の列にはロシアから来た若い研究者風の一団が七〜八人座っており、壇上の話には興味がなさそうで、身内同士であれこれ話し合っていた。会場は、国際色豊かな顔ぶれで、スーツ姿の身なりの良い紳士淑女が大勢並んでいたが、肝心の話の内容に集中している人はほとんど見かけなかった。主催者側が、「頑張っているぞ」ということを内外にアピールするための集団示威のようであった。中身よりも格好という印象が強くて違和感を禁じえなかった。

原子力は導入初期には、〈夢のエネルギー〉であり、「鉄腕アトム」のように人気があった。しかし、原発システムが社会に実装されてから、実態が明らかになって夢が遠ざかった。

安いはずの電力コストが、実はバックエンド（通常の廃炉費用、福島事故後始末費用、使用済み核燃料処理費用など）にかかる巨費を無視していたこと。安全性を説明するのが苦しくて、申請書類を「白抜き」「黒塗り」だらけにしたり、公聴会ではサクラを並べて「やらせ発言」ばかりにしたこと。立地のために電源三法交付金という迷惑料を払わざるを得なかったこと。その挙句に事故が起こったら、大事な時にメルトダウンを隠し、飯舘村や伊達市（飯舘村の西隣）の汚染を隠して住民を長期間、高線量の環境に住まわせたこと。（注5）そして今日、原発のバックエンド費用を再生可能エネルギーも含む託送料金に賦課するという詐欺まがいのトリックを使って費用を捻出しようとしていること――。ここまでくると、「夢」が潰えて「張り子のトラ」の虚勢にさえ見えてくる。

注5　長谷川健一・長谷川花子『酪農家・長谷川健一が語る　までいな村、飯舘』七つ森書館、二〇一四年
黒川祥子『「心の除染」という虚構』集英社、二〇一七年

図7-6　工事中の飯舘中学校（歩道の敷石の上に鉄板が敷き詰めてある）

4　飯舘村の「復興」

(1)　飯舘村へ

二〇一七年七月一日午後、三人で車に同乗して飯舘村に向かった。

解説書によると、飯舘は満州からの引揚者を主力に開拓された村で、山間部でのダム建設を契機に農作や牧畜が定着して行き、本格的な村づくりは戦後のことで新しい村であるという。現在は「日本で最も美しい村」にも選ばれている。(注6)

二〇一七年三月の避難指示解除に合わせて改修されたと思われる真新しい舗装道路を進み、村の入り口にさしかかった。しかし、道沿いの民家に人の気配はない。村の入口近くに人目を引く看板が設置されていた。「お帰りなさい　首を長～くして待ってたよ」。この時は看板の裏面（村を出る側）を確認しなかったけれど、後で地元の知人に聞いたところ、「行ってらっしゃい　必ず帰ってきてね」と書かれていたそうである。さらに路肩には緑色の幟の何本かがハタハタとはためき、「避難解除です」と「おかげさまで」の黒文字が交互に踊っていた。

(2)　ハコもの復興

町の中心部に入り、目の前におしゃれな新しい建物の連なりが見えてきた。いずれもライトブラウン系のアースカラーで統一され、小振りな方はファサードの赤ランプから警察の駐在所と分かる。ガラス張りの天蓋風ドームと木組みの壁面が美しい大きな建物は「飯舘村交流センターふれ愛館」。エントランスに木製を模したブロンズのオブジェが置かれた「ふれ愛館」前の広場は、中通りの福島市と浜通りの南相馬市を結ぶバスの停留所にもなっている。ここは今日の日曜日は休館で中に入ることができない。周辺に人気がなく、開いていたとしても来訪者が果たしてどれほどいるだろうか。大きなガラス窓に額をつけるようにして建物を一周、中の様子を覗いて歩いた。回廊の壁は書架になっていて蔵書(絵本が多い?)が並んでいる。フロアには何体かの木製オブジェが配され、美術館やサロンと見紛うばかりだ。ガラスを透かして案内掲示を見てみると、、視聴覚教室、研修室、キッチンスタジオ、和室、多目的ホールと設備は万端整っている。ここは、床面積一五〇〇平方メートル、三〇〇人収容のホールも完備しており、昨一六年八月にオープンしたばかりである。(注7)

注6　NPO法人「日本で最も美しい村」連合　http://utsukushii-mura.jp/about/overview/

図7-7　いいたてマラソンコース

一年半前の冬に来た時、雪に埋まっていた中学校に近づいてみた。あの時は、とても中学校とは思えない大きさとユニークなデザインに圧倒された。構内には築山《つきやま》や東屋《あずまや》まであり、桜や欅の植栽も見事だった。構内の何カ所かにオブジェのような線量計が置かれていて、その数値の高さ（四・八マイクロSv／h）に驚いた。印象的だったのは窓外から垣間見た調理室の中。作業途中のまま、なにもかも放り出して、人間だけが消えていた。すべてが白銀に覆われて、時間が静止していた。

今回は初夏のキツイ日射しの下で、校舎全体が薄緑の靄にくるまれたようにボンヤリしている。校門も施錠されていて立ち入ることができない。大規模な学校改修の工事中だった。校庭はほとんどひっくり返されて赤土が剥き出し。築山も東屋も取り壊されて無くなっていた。中学校構内の工事の理由は、中学校の校舎を改修するほか、認定こども園舎、小学生用体育館、屋内プールを新設して、村内の学校をここに集約するためという。しかし一説によれば、この学校へ戻るで

あろう子供の数は五人と予想されているという。(注8)

学校の前の道を挟んだ向こう側でも大規模な工事が進行していた。工事用の薄緑色のフェンスを透かして、大きな楕円形のトラックが姿を現し、遠くには扇形の野球場敷地が造成されていた。この広いスポーツ公園には、全天候型の四〇〇メートルトラックと人工芝を備えた陸上競技場、人工芝の野球場、屋内運動場を整備する計画であり、総工費は学校とスポーツ公園を合わせて約六〇億円という。(注9)

日曜日の今日は作業員の気配もなく鎚音も聞こえない。年配の夫婦とおぼしき二人が車から下りて工事場の様子を覗きに来た。避難者が様子見に立ち寄ったという感じのお二人だった。

スポーツ公園の工事用のフェンスの前に、さらに村を周回するマラソンコースを整備する案内板があった。壮大なコースの設定である。若い人たちが戻ってここでマラソンを行うのは、果たして何年先になるのだろうか。

このときの訪問から帰って一カ月余り後の八月一二日、飯舘村で道の駅「までい館」がオープンし

注7　「飯舘村交流『ふれ愛館』開館式」きぼうチャンネル http://kibou-h.com/2016/08/29/%E9%A3%AF%E8%88%98%E6%9D%91%E4%BA%A4%E6%B5%81%E3%82%BB%E3%83%B3%E3%82%BF%E3%83%BC%E3%80%8C%E3%81%B5%E3%82%8C%E6%84%9B%E9%A4%A8%E3%80%8D%E9%96%8B%E9%A4%A8%E5%BC%8F/

注8　「福島県飯舘村『子ども五人に五七億円』の仰天施設に村民の怒り」『女性自身』二〇一六年一〇月一五日 https://jisin.jp/serial/%E7%A4%BE%E4%BC%9A%E3%82%B9%E3%83%9D%E3%83%BC%E3%83%84/disaster/25967

注9　「新学校工事の安全願う　飯舘、来春開校に向け関係者」『福島民報』二〇一七年五月六日　http://www.minpo.jp/pub/topics/jishin2011/2017/05/post_15082.html

たというニュースをテレビで見た。飯舘村のパンフレットによれば、

・放射能という特異性から、帰村人口の大幅減が見込まれる中で、「人」「もの」「情報」が集まる道の駅を復興拠点として整備する、

・商店、金融機関の再開の目途が立たない中、帰村時の村民の日常生活を支えるための施設を整備。また、高齢者等交通弱者のために宅配等を実施する。また、役場や医療機関等と連携し、帰村をサポートする拠点とする、

・産業、特に農業復興のため、食べ物より放射線や風評被害の影響を受けにくい「花」をキーワードにした営農再開を進めるための拠点とする、

という趣旨が述べてある。(注10) 帰還者の便を図る努力がにじみ出ているようである。

(3) 「までいな村」・飯舘

「までい」とは、「丁寧に」、「手間暇惜しまず」、「心を込めて」、「真面目に」などを意味するこの地方の方言である。

飯舘村は、原発事故の以前からユニークな〝むらおこし〟で全国に知られた村だったという。二〇〇〇年を境に加速し始めた市町村合併で、日本各地で先を争うように合併が相次いだが、飯舘村はそうした時流に迎合することなく、二〇〇四年には市町村協議会を脱退して「自主自立」の道を模索し始めていた。冬の雪害、夏の冷害に苦しめられてきた東北の一寒村のこうした行動を支えたのは、地方ブランドに成長した〈飯舘牛〉をはじめとする村の経済力と、村民相互の強い連帯意識だったという。(注11)

二〇一六年一〇月一七日、六選を果たした菅野典雄村長（七〇歳）は村における酪農の先駆者の一人であり、二〇年の長きにわたって村を牽引してきたリーダーである。今でこそ地産地消、スローライフなどのキャッチフレーズは〝むらづくり〟の定番だが、飯舘村は一九八〇年代以降、すでに当時としてはきわめて先進的なこの施策を掲げて実践している。飯舘村の代名詞「までいな村」、「までいライフ」は、まだ世間に馴染みのなかった「スローライフ」に代わる標語として使われ始めたという。ドキッとするような〈若妻の翼〉プランは、村の支援によるヨーロッパへの研修旅行で、主婦が自分で旅程を決め、添乗員も付けない自由旅行であった。農家にホームステイして農法やその暮らしぶりを体験するケースもあったそうだ。出産や子育てを支援する〈エンジェルプラン〉は、村を二〇の地区に分けて予算を配分し、使い方はそれぞれに任されるというもの。男性の育児休暇もいち早く導入されていたという。

文化振興にも独特の取り組みがなされている。村民ホールや会館などの施設はあえて作らず、村民に直接、県内や東京のコンサートに行ってもらう。一人あたり年二回・一万円で半額の補助。巨額の建設費や、後の維持管理費負担よりも、村民一人ひとりの文化レベルの向上を大切にするというものだった。飯舘村の「進取の精神・思いやりの心」、「ハコ作りより人作り」のコンセプトは、むらおこし・むらづくりをめざす日本各地の村々の一つの指針となり、交流も盛んだったという。原発事故の

注10　「道の駅『（仮称）までい館』」飯舘村　http://www.thr.mlit.go.jp/aomori/syutu/towada/h27topics/pdf/80-5.pdf
注11　長谷川健一・花子『酪農家・長谷川健一が語る　までいな村、飯舘』七つ森書館、二〇一四年

前年、二〇一〇年には「日本で最も美しい村」にも選ばれ、飯舘村の「自主自立」、「までいな村のむらづくり」は充実の域に達していた。

(4) 原発事故後の飯舘村の変貌

日常を崩壊させた原発事故と放射能汚染の拡大に際して、先進の気概に溢れていた飯舘村の菅野村長の行動は、意外にも村内居住にこだわるものだった。

飯舘村に政府から全村避難の指示が出されたのは二〇一一年四月一一日のこと。事故から一カ月ほどの間、自主避難者を除いた相当数の村民が高線量に曝されていたことになる。菅野村長が頼ったのは、三月下旬～四月上旬にかけて、福島の被曝地を巡回した、放射線の専門家（山下俊一・高村昇・杉浦紳之の諸氏ら）による「安全講演隊」のポジティブキャンペーンだった。「放射能の影響は笑ってる人には来ません。クヨクヨしてる人に来ます」という説である。

それにしても、菅野村長はどうしてこのような振る舞いに至ったのであろうか。彼の著書で窺えることは、素晴らしいアイディアマンで人情の機微に通じた腕の良い村のまとめ役であった。(注12) しかし、いったん外から非日常的巨大災害が襲ったとき、それの意味するところを速やかに納得することもできず、身を硬直して現状を少しでも変更することに頑固に抵抗したと考えられる。自意識過剰な善意をもって、地域社会の隣人たちを自分の思い込みで差配しようと強力な「指導力」を発揮してしまったのではなかろうか。中央行政府もまた、そのような人材を奇貨として、都合の良い取引を持ち掛けて牛耳ろうとする。

不幸に遭遇しなければ村の良い世話役であったが、規模の大きい災害には対処できなかったリーダーであり、それは決して他人事ではない。

(5) 人影のない「復興」

こうして国や県と連携した巨額の復興計画が急速に動き出していく。「いいたて までいな復興会議」の立ち上げも早かった。八月九日には検討会の初会合がもたれ、著名な学者四名にアドバイザー委任状が交付されている。

復興会議（委員一九人）の発足は一〇月一九日で、毎年のように計画書が提出され、中にはすでに形になっているものもある。(注13)

しかし、それらはいわゆるハコもの作りで、原発事故や被ばくという特殊な課題の抜け落ちた復興計画であった。アドバイザーの中に、放射線の専門家や医学者は見当たらない。そちらの方は国や県にお任せしてよいということのようである。菅野村長の「ハコ作りより人作り」も、原発事故を機に急変したようである。菅野村長が「私は二〇〇億円を超える予算を国からとった」と豪語したという情報もある。(注14)

注12　菅野典雄『美しい村に放射能が降った』ワニブックスPLUS新書、二〇一一年

注13　「復興プラン庁内検討委が初会合　飯舘村」『福島民報』二〇一一年八月一〇日　http://www.minpo.jp/pub/topics/jishin2011/2011/08/post_1681.html

注14　「四月四日飯舘村～南相馬①」『一枝通信』オフィスエム、二〇一七年四月九日号

図 7-8　田畑に積み上げられたフレコンバッグ

二〇一七年三月末に、飯舘村は一部を除いて避難指示が解除された。そして、六月初旬までの二カ月間に戻った人は六%である。（注15）どの町でも、まず戻ってくるのは六〇代の人びとである。子供たちを連れた若い世代が戻ってくるのははるかに先であろう。

しかし、政府は首長が求めさえすれば気前よく大金を用立てる。政府にとっては、環境を整えたという形が出来さえすれば、責任を果たしたことになり、帰還しない方が悪い駄々っ子だと言って賠償と事故責任を打ち切りにする口実ができる。むしろ、菅野村長のような首長がいてくれた方がありがたい。

しかし、このようにうわべを飾っても人びとは帰ってこない。かえって復興は遠のいていくばかりであろう。

飯舘村からの帰路、田畑に積み上げられたフレコンバッグの山を幾度となく目にした。汚染土を積み上げた田畑と目を見張る建設工事、これが今の飯舘村の現実である。

5　被ばくと引き換えの町づくり

(1)　避難解除後の帰還率

二〇一七年三月末に、福島県内一一市町村に出されていた国の避難指示は、放射線量が高い区域などを除き、大部分で解除された。しかし、九月一日時点における各市町村の帰還率は、平均すると一二・四％である（表7-1）[注16]。そして、帰還した人たちの高齢化率は高く、六五歳以上の住民は原発事故前には二七・四％であったが、七～八月の時点で四九・二％に達している（表7-2）[注17]。

(2)　福島・国際研究産業都市構想

元居た住民が帰還しないのなら、先端技術の町を建設して、新しい住民の町を作ろうという構想、すなわち福島・国際研究産業都市（イノベーション・コースト）構想を、政府・福島県・地元自治体が産業界と協力しながら進めている。つまり大規模な先端技術研究所を建設して、そこへ研究者を招

注15　「福島原発周辺住民の帰還率」『日本経済新聞』二〇一七年七月八日

注16　「福島復興の『光』は　避難指示解除後、帰還・移住進まず」『朝日新聞』二〇一七年九月九日　http://digital.asahi.com/articles/DA3S13124741.html?rm=150

注17　「避難解除区域、六五歳以上四九％　福島九市町村」『毎日新聞』二〇一七年九月九日　https://mainichi.jp/articles/20170909/k00/00m/040/198000c

表 7-1　避難解除された区域の居住率

田村市（2014 年 4 月）	79.3%
川内村（14 年 10 月、16 年 6 月）	20.1%
楢葉町（15 年 9 月）	26.5%
葛尾村（16 年 6 月）	15.4%
南相馬市（16 年 7 月）	26.2%
浪江町（17 年 3 月）	1.9%
飯舘村（17 年 3 月）	8.5%
川俣町（17 年 3 月）	24.3%
富岡町（17 年 4 月）	2.6%

※各市町村の 2017 年 9 月 1 日時点。浪江町は 8 月 1 日時点。（　）内は解除年月
出典：「福島復興の『光』は　避難指示解除後、帰還・移住進まず」『朝日新聞』2017 年 9 月 9 日

表 7-2　避難解除区域の高齢化率

市町村名	現在	原発事故前
川内村	71.3%	35.2%
川俣町	70.4	31.7
飯舘村	68.7	30.0
葛尾村	54.4	32.2
浪江町	52.4	26.7
南相馬市	51.8	26.6
田村町	45.2	28.9
富岡町	44.2	21.1
楢葉町	37.0	25.9
計	49.2	27.4

※事故前は自治体全域の数値。
　現在は、2017 年 7 ～ 8 月の数値。数字は％
出典：「避難解除区域、65 歳以下 49％　福島 9 市町村」『毎日新聞』2017 年 9 月 9 日

へいしようというものである。「イノベーション・コースト構想推進企業協議会」の設立趣意書には、民間企業が積極的に関与することが謳われており、その幹事企業は、アトックス、スリーエムジャパン、東京電力、東芝、日立製作所、三菱総合研究所といった、従来から福島県の原発に縁の深い企業六社が記載されている。（注18）この構想の目的は「二〇二〇年の東京オリンピック・パラリンピックまでに、福島の浜通りの再生を世界中に印象付ける地域再生を目指している」と記載されている。（注19）そして、二

〇一六年度の政府予算が一四五億円計上され、二〇一七年度もそれに近い額が計上されている。（注20）
具体的には、次のようなプロジェクトが企画されている。（注21）

・ロボット／ロボットテストフィールド関連

大規模なロボットテストフィールドを南相馬市に、飛行実証試験を行うための滑走路を浪江町に設置し、相馬市、南相馬市、楢葉町のさまざまな施設を実証試験に利用する。（注22）

・エネルギー関連

「再生可能エネルギー先駆けの地福島」の実現を目指し、文部科学省のイノベーションシステム整備事業により二〇一二年から「産・学・官・金」による強力なネットワークが構築された、と言っている。（注23）

・農林水産関連

注18　「設立趣意書」二〇一六年三月一一日　http://bcics.jp/wp-content/uploads/2016/04/seturitu.pdf
注19　「福島イノベーション・コースト構想の概要」http://bcics.jp/introduction/#no01
注20　「政府予算案の本件関連の主な事項（H二九当初）」　http://www.pref.fukushima.lg.jp/uploaded/attachment/195269.pdf
注21　「各プロジェクトの動き（福島・国際研究産業都市（イノベーション・コースト）構想関連）【情報一覧】」　http://www.pref.fukushima.lg.jp/site/portal/innovation-pro-ichiran.html
注22　「福島ロボットテストフィールドの概要について」　http://www.pref.fukushima.lg.jp/sec/32021f/test-field.html
注23　「地域イノベーション戦略支援プログラム　最終研究成果発表会開催のご案内」　http://fukushima-techno.com/news/2016/12/post-67.php

農林水産業イノベーションプロジェクトとして、木質バイオマス・エネルギーの活用、メタン発酵、新しい農業のためにＩＣＴ（=Information Communication Technology）やロボットなどを活用しようというセミナーが開かれている。(注24)

・スマート・エコパーク関連

浜通りを中心に、環境・リサイクル関連産業の集積を図るため、「ふくしま環境・リサイクル関連産業研究会」を通じて、太陽光パネル、バッテリー、炭素繊維、石炭灰混合材料、小型家電リサイクルの五分野を中心に、事業構想・提案を掘り起こし、云々、と構想を述べている。(注25)

・情報発信拠点（アーカイブ）関連

有識者会議や意見募集で構想を策定している段階であるが、東日本大震災・原子力災害のアーカイブ拠点を、双葉町中野地区に決定したと発表している。(注26)

・廃炉へのチャレンジ関連（国・JAEA）

これは、福島第一事故サイトの廃炉作業の技術開発を行うもので、現在浜通りに種々の研究所が設置されている。それらは主として、日本原子力研究開発機構（ＪＡＥＡ）の傘下に入っている。主たるものを上げれば、

・廃炉国際共同研究センター(注27)（国際共同研究棟は富岡町）：廃炉の総合研究センター

・楢葉遠隔技術開発センター（楢葉町）：ロボット開発など。二〇一五年九月から運用を開始した。(注28)

・大熊分析・研究センター（いわき市）：放射能分析など。

・福島環境創造センター研究棟（三春町）：プロジェクト管理、放射線計測、環境回復、環境動態。

併設されている展示館〈コミュタン福島〉については第2節に既述。
・福島環境創造センター環境放射線センター（南相馬市）：放射線監視技術開発
・福島環境創造センターいわき事務所（いわき市）：放射線計測・マップ作製、環境動態。

(3) イノベーション・コースト構想の危うさ

上に見たように、地元の町からの避難した人々のうち、とくに子供を連れた若い人々はほとんど帰らない。それは、単純に年間二〇ミリシーベルトの被ばく量は無害だという基準設定を拒否していることに他ならない。政府や地方自治体は、そのような住民の意向を無視して、もともとのコミュニティとは無関係な産業施設を大量に作って、別な住民を導入しようとしている。そのために元の住民に倍する新規移住者を植民しようとしている。そのことが、街の復興と言えるであろうか。

入植した新しい住民たちが、浜通りを「ふるさと」としてコミュニティをこれから築くことが期待

注24　「平成二八年度農林水産業再生セミナーを開催します」　https://www.pref.fukushima.lg.jp/site/fff-syoku-furusat/h28semina3.html
注25　「平成二七年度地域経済産業活性化対策等調査（スマート・エコパークに係る福島県におけるリサイクル関連ビジネス事業化可能性調査事業）報告書」経済産業省、二〇一六年八月一日 http://www.data.go.jp/data/dataset/meti_20160907_0103
注26　「アーカイブ拠点施設に係る意見募集　https://www.pref.fukushima.lg.jp/sec/11055b/a-kaibu-ikenboshuu.html
注27　「廃炉国際共同研究センター」　https://fukushima.jaea.go.jp/about/access.html
注28　「楢葉遠隔技術開発センター」　https://fukushima.jaea.go.jp/initiatives/cat05/pdf/naraha_pamphlet.pdf

できるのだろうか。事故現場で末端の被ばく労働者として雇われた人たちは、毎月約四五〇人が被ばく限度に達して退域させられているという事実さえある。(注29)雇用する組織の論理からいっても、従業員がその町を「ふるさと」とすることを予定していない。

では、政府が二〇兆円を投じて建設するというさまざまなイノベーション・コースト構想の研究機関にハイテクの専門家として浜通りへ入ってくる専門家たちはどうか。(注30)彼らも生身の人間として被ばくを気にしないということはあり得ない。むしろ、被ばく環境で働くことに対して対価を期待するはずである。「危険でも仕事があればよい。カネをもらえればよい」という人々が集まって来るところに、「ふるさと」はできない。(注31)現在の政府の〈復興政策〉は、金の切れ目が縁の切れ目の人びとに乗っ取られて、「ふるさと」をさえ破壊して、荒廃した地域を後世に残すだけになるのではないか。

注29　「原発作業員の被曝　昨年末までに四・六万人」『朝日新聞』二〇一六年三月九日
注30　山下・市村・佐藤『人間なき復興』ちくま文庫、二〇一六年、三一一頁
注31　山下ほか、前掲書、三三二頁

終章

筆者がまだ駆け出しの技術者であった一九六九年から七〇年にかけて、四エチル鉛製造プラントの建設チームの一員として働いた。四エチル鉛というのは自動車用ガソリンの添加剤で、当時アンチノック剤として多用されており、日本のモータリゼーションとともに需要が伸びている商品であった。しかし、それは猛毒の有機金属化合物で、製品の取り扱いには細心の注意が必要であり、アメリカでは六五年頃からガソリン蒸気とともに自動車排ガス中に混在し、市民に害を与えているという研究結果が発表されていた（注1）。

建設途中の七〇年五月、東京都新宿区牛込柳町の交差点周辺で、血液中の鉛濃度が六〇㎎以上の人が少なからずいるという研究が公表されて社会問題になった。直後に、日本の自動車メーカー各社は異口同音に「エンジンのバルブシートの摩耗を防ぐためにガソリンの無鉛化は不可能だ」とキャンペーンを張った。ところが、同年一二月にニクソン大統領がガソリンの無鉛化を進めると発表したとたんに「エンジンのガソリン無鉛化に対応する」と、一斉に発表した。

われわれが建設した四エチル鉛製造工場は七〇年末に完成して引き渡され、翌年初めから試運転を行い、引き続いて生産を開始する予定であったが、顧客は生産を諦め、そのままプラントを閉鎖してしまった。そのとき強い衝撃とともに筆者が学んだことは、技術上の手段には代替案がいくつもあり、現在採用されている方法は、若干の経済性優位があるからに過ぎないということと、公害などの反社会的事実が判明すれば、政治指導者の判断ひとつで容易に技術手段は変更される、ということである。

原発が一般の産業プラントと決定的に違うところは、事故の規模があまりに甚大で、万一事故を起こした場合には、被害者が納得できるような賠償が行えないということである。一般産業プラントでは損害賠償のための保険システムも完備しており、そのシステムは社会的な信頼を確立している。その場合には、周辺住民は特段の心配をすることなく、プラントの技術内容などに予め関心を持つ必要がない。万一事故が起こって迷惑を被った場合には、その損害を補償してもらえばよいからである。

原発の場合は違う。結果損害を満足に補償してもらうことができない。保険を引き受ける会社がないくらいの損害規模であり、事業者は直ちに破産し、政府が賠償を肩代わりせざるを得ない。しかも、個別の財物の損壊にとどまらず、コミュニティ全体がなくなるような事態に対して、そもそも賠償というには何をどうするかという範囲すら定まらない事態になる。

その隘路を妥協に導く唯一の手段は、「事故を起こさないようにする」という建前を設けることである。もちろん人工物が事故を起こさないということは不可能である。けれども許容可能であるというフィクションを社会的に成立させるために、公的機関が規制審査するとか、立ち入り検査するとか、実際上事故が皆無になると同じように事故発生確率を低くするという手段を約束する。しかし、規制審査は事業者がすべての設計書類や現場検査の便宜を提供しなければ成り立たない。審査というのは細かに見ればきりがない。申請者があらゆることを開示し説明するということはコストも時間もかかり、審査側では説明を受けるほどさらに疑問がわいてくる。規制機関が納得しても、地元住民も同じように説明をしてもらわなければ納得できない。結果として、事業者側には隠蔽してうわべの説明だ

注1　"Symposium on Environmental Lead Contamination" sponsored by the Public Health Service, U. S. Department of Health, Education, and Welfare, 1965

けで承認をもらいたいという誘惑が働く。仲を取り持つ政府も、電源三法交付金などの迷惑料を払って、時間と労力を節約したいという誘因が働く。

一般産業プラントの場合は、製品が市民の消費材であったりするので、おのずと市民の不興を買わないように自制せざるをえない。電力会社は独占市場であって、市民の側には選択肢はない。原発を選ぶかどうかは、世論の反対があろうがなかろうが、電力会社の一存で決めても差しさわりはない。結果として、原発の受益者としての電力会社と、原発事故の被害を受ける市民とは完全に乖離している。

市場では交わることのない両者の利害を統合的に判断できるのは、倫理的想像力を持つ者だけである。政府も世俗の金権的利害に左右される。それらを超越しているのは、宗教的信頼を保持している倫理を旨とする団体だけであろう。ドイツ政府が原発の選択問題を倫理委員会に託したのは理にかなっている。日本社会で、世俗を超越した倫理的主体を組織することができるであろうか。

謝辞

筆者は、福島原発事故以来六年間、プラント技術者の会、原子力市民委員会、ＮＰＯ　ＡＰＡＳＴに加わって、友人たちと議論を重ねてきた。そして、現在までの考えをまとめる機会をいただいた。一人ひとりのお名前は記さないが、多くの先達、友人たちのご教示をいただいたことを記して感謝を表したい。

出版にあたっては、緑風出版の高須次郎社長およびスタッフのみなさんの一方ならぬご指導をいただいた。改めて感謝を申し上げる。

二〇一七年十一月

初出一覧

左記の論考を改稿・収録したものである。
＊印は、原子力市民委員会の共著であることを示す。

第1章　発電産業の世代交代

1　原発ルネッサンスから東芝解体へ
『原発ゼロ社会への道２０１７』＊「５‐４‐２原子力産業の不振と将来性」

2　世界の原子力産業の衰退
『原発ゼロ社会への道２０１７』＊「５‐４‐１世界の原子力発電事業の動向」

第2章　平時の原子力開発は成り立たない

5　原子力プラントの本質
『今こそ原発の廃止を』カトリック中央協議会、二〇一六年、「２‐１原子力発電所の特殊性」

第3章　遺伝子を痛める産業

1　逃げてはいけない被ばく労働者

「死を内包する技術体系」『世界』二〇一三年七月号

2　被ばく現場の労働疎外

「被ばく現場の労働疎外」『世界』臨時増刊号No.八五二、二〇一四年一月

第4章　事故現場の後始末をどうするか

2　「中長期ロードマップ」の現状

『原発ゼロ社会への道2017』＊「2‐3‐1中長期ロードマップの現状」

3　一〇〇年以上隔離保管後の後始末

特別レポート1『一〇〇年以上隔離保管後の後始末』＊改訂版2017年

4　廃炉のための「人材育成」はいらない

「廃炉のための『人材育成』はいらない」『科学』Vol.八五、No.二（二〇一五年）

「収束作業は誰が担っているのか」『世界』二〇一三年一〇月号

第5章　迷惑産業と地域社会

1　迷惑産業の特異な性格

「川内原発運転差止仮処分却下に見る『結果責任』の欠落」『科学』Vol.八五No.六（二〇一五年）

特別レポート5『原発の安全基準はどうあるべきか』＊「序章　原発プラントの社会的不整合」

第6章　定見のない原子力規制

1　自然災害における「想定外」の繰り返し
「原発再稼働の危険性」『環境と公害』Vol.四七、No.二（二〇一七年）
2　内部リスクの軽視
前掲『環境と公害』Vol.四七、No.二（二〇一七年）
3　過酷事故の人間側シーケンス
『今こそ原発の廃止を』カトリック中央協議会、二〇一六年、「2－2過酷事故の性格」
4　武力攻撃・「テロ」対策と戦争の想定
特別レポート5『原発の安全基準はどうあるべきか』＊「2－2原発の『テロ』・武力攻撃対策の現状」
5　「『白抜き』『黒塗り』で守るガラパゴス技術
「原子力委規制委員会審査書類の『白抜き』『黒塗り』」『科学』Vol.八六 No.六（二〇一六年）

[著者略歴]

筒井哲郎（つつい　てつろう）

1941 年　石川県金沢市に生まれる。

1964 年　東京大学工学部機械工学科卒業。

以来、千代田化工建設株式会社ほかエンジニアリング会社勤務。国内外の石油プラント、化学プラント、製鉄プラントなどの設計・建設に携わった。

現在は、プラント技術者の会会員、原子力市民委員会原子力規制部会長、NPO APAST 理事。

著書に『戦時下イラクの日本人技術者』三省堂、1985 年、『今こそ原発の廃止を』カトリック中央協議会、2016 年（共著）。

訳書に『LNG の恐怖』亜紀書房、1981 年（共訳）。

原発《げんぱつ》は終《お》わった

2017年12月20日　初版第1刷発行　　　定価2400円＋税

著　者　筒井哲郎 ©
発行者　高須次郎
発行所　緑風出版
〒113-0033　東京都文京区本郷2-17-5　ツイン壱岐坂
［電話］03-3812-9420　［FAX］03-3812-7262［郵便振替］00100-9-30776
［E-mail］info@ryokufu.com［URL］http://www.ryokufu.com/

装　幀　佐藤和宏・斎藤あかね
制　作　R 企 画　　　　印　刷　中央精版印刷・巣鴨美術印刷
製　本　中央精版印刷　　用　紙　中央精版印刷・大宝紙業　　E1200

ISBN978-4-8461-1721-4　C0036